JN001160

数の幾何学

—ミンコフスキーに始まる格子の世界—

C. D. Olds, Anneli Lax, Giuliana P. Davidoff 著

加藤 文元 監訳　　高田加代子 訳

共立出版

The Geometry of Numbers

By C. D. Olds, Anneli Lax, and Giuliana Davidoff

原著はMathematical Association of Americaより英語出版された *The Geometry of Numbers* (The American Mathematical Society © 2000) である。本書は、American Mathematical Societyとの契約に基づき共立出版（株）が日本語版を出版するものである。

Japanese language edition published by KYORITSU SHUPPAN CO., LTD.

1961から1991年まで新数学図書の編集者であった，
アンネリ・ラックスに捧げる

『数の幾何学』は，1999年10月に彼女が亡くなる前まで取り組んだ最後の編集企画の一つである．オールズ博士がもし生きていたら彼が自分の本に何を付け加えたか，我々には知る由もないことを，彼女は見抜いていた．私はここに完成された仕事が，彼らそれぞれの努力と将来への展望に対し，十分な報いとなっていることを希望する．

監訳者のことば

ミンコフスキーによる「数の幾何学」は，空間内の凸体内部に，格子点（各座標がすべて整数である点）がいつ，そしてどのくらい存在するかという問題について，系統的なアプローチを与えたものであるが，その見かけ上の素朴な印象とは裏腹に，諸々の幾何学や組み合わせ論にとどまらず，代数的整数論や数論幾何学などにも極めて豊かな応用がある重要な理論である．その応用は多岐にわたり，本書でも取り上げられているような二次形式やディオファンタス近似への応用や，代数体の単数や類数などへの深い応用もある．

本書の原著はＣ・Ｄ・オールズ，アンネリ・ラックスとジュリアナ・Ｐ・ダヴィドフという３人の著者によるもので，その出版までの経緯については序文にダヴィドフが書いている通りである．そこにもあるように，オールズによって書き始められた本書の文体は，最初から最後まで，専門的過ぎない爽やかなタッチに溢れており，読み手を自然に数の幾何学の世界へと誘う．必要な予備知識もそれほど多くはなく，初学者が新しい数学の素養を求めて手に取るのに適している．もちろん，これは数学の本であるから，数式を精密に理解したり，定理の証明を行ごとに確認しながら読む作業は，それなりの努力を必要とするが，そこから得られる新鮮な驚きと，充実した内容には，その努力に見合う以上のものがあるであろう．大学の初年度生のみならず，意欲的な中高生が独力で，あるいは仲間と一緒にセミナー形式で，読み進めるのに最適である．

本書の日本語訳が出版されることで，現代数学の奥深い世界にいたる入門の，その最初の入り口がまた一つ増えることになるだろう．本書を通じて，さらにその延長線上にある豊かな現代数学の諸分野に進む人たちが増えることを心より期待している.

2021年8月
加藤文元

序文

数の幾何学は，1896年のミンコフスキーの重要な研究発表に端を発する数論の一部門であり，最終的にはそれ自体で研究の重要な分野を確立したものである．その焦点は代数的問題を幾何学的文脈へ転換することであり，その結果ある種の難しい数論の問題が，適度に明快な構成によって幾何学的に解答が得られることである．基本的な問題の一つは，与えられた領域が格子点，すなわち整数を座標に持つ点(p, q)を含むための条件を定めることである．他の問題は，領域$\mathfrak{R}$について，任意の点が整数の平行移動によって$\mathfrak{R}$内の点に移すことができるという性質をいかにして特徴付けるかということ，すなわち，任意の点Pに対して$P - Q$が格子点となるような点Qがとれるために$\mathfrak{R}$において成り立たなければならない条件は何か，という問題である．

これらの問題はかなり抽象的であり，実際上の問題から離れたものであるように思われるかもしれないが，むしろそれらは現代科学と技術における高度で意義のある応用に対して極めて重要なものである．格子点問題はある方程式が整数解を持つかどうかの決定から生じるだけでなく，球の最密充填や，あるいは与えられた空間の最小被覆球を決定する問題にも関連している．後者についての最近の進んだ研究はとりわけ，結晶学，超ひも理論，そして情報の貯蔵，圧縮送信，および受信における誤り検出方式と誤り訂正符号の進歩へと導いた．我々がデータとデジタル情報の有線や無線伝送に対応して生活や働く方法を変えつつあるとき，これ以上に現代的で重要な応用を見つけるのは難しい．

算術的問題をどのように幾何学的な表現に言い換えることができるのか．簡単な例は2平方数の和として表すことができる整数を決定する問題である．これは，いかなる$n \in Z$に対して$n = p^2 + q^2$となる整数pとqが存在し得るかということである．また，この同じ問題は幾何学の問題を引き起こす．つまり，原点$(0,0)$を中心とする半径$\sqrt{n}$の円$x^2 + y^2 = n$の上に格子点が存在するかどうかを問うている．同様に，実係数の1次方程式が整数解を持つかどうかという数論的問題は，平面上の対応する直線上に格子点があるかどうかを問う幾何学的問題に置き換えられる．

この後者の文脈は元の問題の域を越えて多くの興味深い問題を示唆している．いくらでも近くに格子点が存在しているような直線とは，いかなる直線だろうか？ 2本の平行な直線が作る帯状領域に格子点を含まないようにすることができるだろうか？

第I部　上に述べられたような問題は第1章の中で取り扱われているテーマの動機付けになっており，さらに第2, 3章で多角形の上か内部に含まれる格子点へと進む．第4章は上に述べた円の問題のいろいろな様相を調べている．これら最初の4章は本文の最初の部分を成しており，数論的問題への格子点によるアプローチをテーマとしている．

第II部　テキストの第II部は数の幾何学の形式的な導入である．ほとんどすべての定義と結果はn次元に一般化されるけれども，ここではもっと詳しく易しくなるように，もっぱら2次元平面に限って視覚化している．第5章ではミンコフスキーの基本定理を導入し，動機付け，証明もしている．さらに第6章で，追加的定理を述べて証明している．ミンコフスキーのアプローチは有理数による無理数の極めて良い近似を与える．第6章では，このような“ディオファントス近似”への彼の方法の応用のいくつかを素描する．

少し方向を変えて，第7章では整数点による基本格子から任意の二つのベクトルを基底とする一般格子へ読者を仕向けるために線形変換の議論を提供する．この一般的状況の強みを活かして，第8章では数の幾何学における中心的なテーマの一つに取り組む，すなわち，二つ以上の変数における二次形式によって得られる最小値を決定するというものである．ミンコフスキーとより最近のブリッヒフェルトや他の人々はこの最小値に対する上界を与えたが，彼らの結果の二つの応用を紹介している．まず，有理数による無理数の近似の改良，第二に正整数の4平方数の和としての表現に関するラグランジュの定理の簡潔な証明である．

第9, 10章はミンコフスキーのアプローチを拡張し，強力で新しい洞察をもたらし，数の幾何学におけるその後の多くの進展に対する基礎を準備した，ブリッヒフェルトの仕事に充てている．第9章はミンコフスキーの新しい方法をいくつか紹介して，これらの方法から導いたミンコフスキーの基本定理の第二の証明を与えている．第10章では，ブリッヒフェルトよるチェビシェフの定理の証明をとりあげており，その結果は後にミンコフスキーが改良した．この最後の定理は数の幾何学において，非同次の問題として知られる問題として立ち現れたものであり，ミンコフスキーのアプローチが有理数による無理数のよい近似を与えているのとちょうど同じように，しかも分子と分母が与えられた等差数列の中に限定してよいという付加条件つきで近似を与える．これら最後の2章のテーマ——とくに「自由選択」という扱いでとりあげられた第10章の証明——は前の章で読者に要求したものより多くの努力を要するであろう．しかしながら，この議論はさらに複雑ではあるけれども，それを理解するために要求されるものは立体解析幾何学のいくつかの結果であり，それ以上の数学的道具はなく，たとえそれらを鵜呑みにしても差し支えないであろう．

附録について　平面における格子 (p, q) をガウス整数 $p + iq$ と同一視するとき，それらは本文において探求してきた加法構造に加えて乗法構造を持つことになる．附録Iではピーター・ラックス (Peter Lax) がこの新たに加わった数論的構造を調べ，ガウス整数全体がユークリッド整域になることの素晴らしい証明を与え，ガウス素数を特徴付け，そこで素因数分解の一意性が成り立つことを証明している．その過程で読者に第4章の議論を思い起こさせて，数論の問題への幾何学的アプローチのさらに別の威力を垣間見るように促している．附録IIでは，球の充填問題の要約を述べ，その分野における最近の結果を読者に伝えている．附録IIIでは，興味を持つ読者のために，ヘルマン・ミンコフスキーとハンス・フレデリック・ブリッヒフェルトの簡単な伝記をまとめている．

読者への助言　C・D・オールズ (C. D. Olds) のテキストや引用文献は，興味を持つ高校生や専門家ではない人を含む広範な読者にとって，豊かで現代的な数の幾何学の分野が理解しやすくなるように更新・拡張されている．参考文献一覧を一瞥すると，この分野の独創性に富んだ多くの研究がいまだドイツ語の原書から翻訳される必要があることを示している．数の幾何学への優れた紹介はあるけれども，それらは上級学部学生の数学的素養を要求するという意味で“進歩的”である．オールズ博士が本書を書き始めたときに見通していたように，特別な技術的素養がなくても，関心があり意欲的な読者に，高校や大学初年度の典型的カリキュラムにはない極めて重要な話題を与えるという意味で，このタイプの文献はまだ必要とされる余地がある．

どの数学の本もそうであるように，本書も鉛筆と紙を用意して読むべきである．もし，証明のある段階でわからなくなったら，それがわかるまで一度ならず，必要に応じてそれに立ち返るとよい．与えられた問題はすべて解きなさい，というのは，あなたが出会うアイデアをあなたが理解しているかどうかを確かめるために，これは極めて重要なことである（明らかであるものを除いて解法とヒントは本書の後にある）．残念なことに，これらの問題の中で初等的なものはほとんどないが，それは本書からほんの数ステップ超えれば，すぐにもマイナーな——あるいはメジャーですらある——研究上の問題に達してしまうからで，それらは漸次さらに一層の勉強を必要とするものだからである．

謝辞　著者の死後に出版されたこの巻は出版に当たってアンネリ・ラックス (Anneli Lax) 博士のゆるぎない支援に負うている．初めの 7 章は彼女の助言のもとで完成されて，グロリア・リー (Gloria Lee) によってタイプ打ちされた．オールズ博士とともに図をデザインしたのはラックス博士自身である．オールズ博士の死後でさえラックス博士は本書が新数学図書シリーズの中で重要な位置にあることを信じ続け，彼女の編集の見通しのおかげで，いろいろな章とテキストの断片をここに提示する形に組み立てることができた．ラックス博士自身，彼女の夫ピーターと一緒に原稿を校正し，貴重なコメントを提案し，彼女の健康の衰えの限界まで編集活動を続けた．

エレン・カーティン (Ellen Curtin) は行編集 (line-editing) と TeX の作成に素晴らしい働きをし，ラフなテキストに場面転換や連続性を加えたりするだけではなく，読みやすさのトーンを注ぎ込むことで，この最終稿に大きな影響を与えた．ビヴァリー・ルーディ (Beverly Ruedi) は彼女の明晰さと専門知識で元のスケッチを解釈しながら，製図の仕事を完成させた．

参考文献の調査に関しては，広範囲に及ぶ図書を開示して惜しみない助力を提供してくれたローマ・ラ・サピエンツァ大学の数学科に感謝する．私の家族と同僚に対しても，この長い任務の間中理解ある援助をしてくれたことに感謝する．最後に，C. D. オールズの想像力に富み，いまだに時宜にかなった文章を，出版まで導く名誉を与えてくださったアメリカ数学協会に感謝する．

ジュリアナ・P・ダヴィドフ (Giuliana P. Davidoff)

目　次

第I部

格子点と数の理論

第1章

格子点と直線

1.1　基本格子

本書のテーマは，数の幾何学である．これはヘルマン・ミンコフスキー(Hermann Minkowski; 1864–1909) によって発見された数論の1分野である．ある種の問題について，他の数学者たちが代数的に取り扱ってきた問題に対して，ミンコフスキーの天賦の才は幾何学的観点から探求することとなった．目に見える幾何的構成を通して，彼は多くの数についての関係を明らかにし，そして探求することができた．

本書の第II部では，ミンコフスキーの研究の跡を辿ろう．ここでは，数の幾何学全体の屋台骨となる二つの基本的な概念，**基本格子** L と，L が決定する**基本点格子** Λ を定義することから始めよう．

格子系について話すときは，公園にあるジャングルジムのように連結された空間内の点が碁盤目状になったものを想像している．直線を引くことのみによって，通常の直交座標系上に簡単な平面格子を作図できる．まず，点

$$\ldots,\ (-2,0),\ (-1,0),\ (0,0),\ (1,0),\ (2,0),\ (3,0),\ \ldots$$

を通る y 軸に平行な直線を引き，次に点

$$\ldots,\ (0,-2),\ (0,-1),\ (0,0),\ (0,1),\ (0,2),\ (0,3),\ \ldots$$

を通る x 軸に平行な直線を引く．これらの直線は基本格子 L を作る．

これらの直線の交点は正方形の頂点であり，これを**格子点**と呼ぶ．格子点は図1.1が示すように，整数座標 (x,y) を持つ点である．わかりやすくする

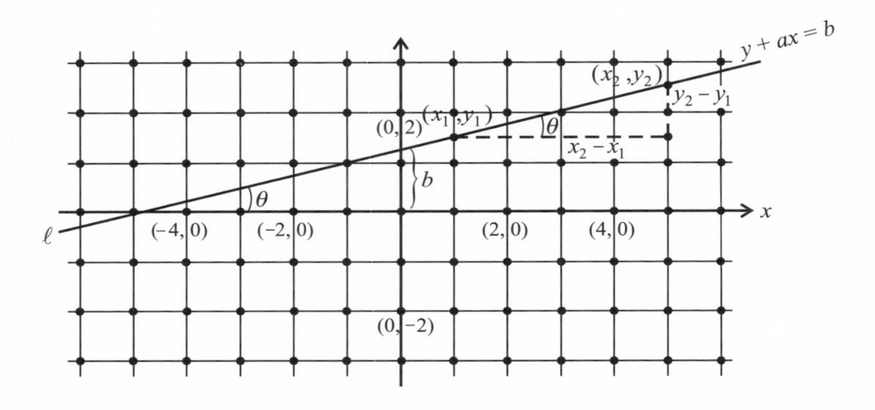

図 1.1: 基本格子 L と直線 ℓ.

ために，格子点をそうでない点 (x, y) と区別して，(p, q) によって表すことにしよう．ここで，$x = p$, $y = q$ は整数とする．

基本点格子 Λ を決定するものが格子点である．今のところは，平面における格子だけを考えよう．n 次元の場合は第 II 部までとっておく．

x 軸または y 軸に平行な直線に沿って等間隔であるので，一見，格子点はそれ自身ほとんど興味深いものではないように見える．1837 年にカール・フリードリッヒ・ガウス (Carl Friedrich Gauss; 1777–1855) [1] は，半径 r の円周上および円周の内部に含まれる格子点の数について，影響力の大きい論文を発表した．それ以来，数学者たちは非常に多くの興味深い関連する問題を提案した．これらの問題の多くは現在も考え続けられている．部分的に解決したものもあるが，それ以外は，ガウスのもともとの問題の最適な形式も含めて，いまだに解決していない．そのような問題を考察するための準備として，直線と格子点の間の関係のいくつかを議論することが必要である．

1.2　格子系における直線

格子系において，傾き a と y 切片 b を持つ直線

$$\ell : y = ax + b \tag{1.1}$$

を引く．$x=0, y=b$ のとき，ℓ は y 軸上の点 $(0,b)$ を通る (図 1.1 参照)．ℓ 上の任意の異なる 2 点の座標を (x_1,y_1), (x_2,y_2) とする．**ℓ の傾き**は，$x_2 \neq x_1$ に対して，

$$a = \tan\theta = \frac{y_2 - y_1}{x_2 - x_1}$$

である．ここで，θ は ℓ が x 軸となす角である．

明らかに，$x_2 = x_1$ ならば，分母が 0 だから傾き a は定義されない．そのような直線はある定数 c に対して $x=c$ という形の式を持ち，y 軸に平行である．同様に，$x_2 \neq x_1$ に対して，$y_2 = y_1$ のとき，直線は x 軸に平行でである．そのような直線は $y=c$ という形の式を持ち，定義より 0 の傾きを持つ．

直線 ℓ の傾き $a=\tan\theta$ は実数であるので，**有理数**か**無理数**のいずれかである．傾き a が有理数のとき，互いに素な整数 m と n $(n\neq 0)$ の比として表される．m と n の最大公約数が 1 であるとき，二つの整数 m と n は**互いに素**であるといい，$\mathrm{g.c.d.}(m,n)=1$ と表す．このようにして，ℓ の傾きが有理数であるとき，

$$a = \frac{m}{n}, \quad ここで\ \mathrm{g.c.d.}(m,n)=1,\ n\neq 0$$

と書くことができる．a が有理数でないとき，それは $\sqrt{2}$ や $1+\sqrt{3}$，もしくは π のような無理数である．このような数は二つの整数の比で表すことはできない．有理数と無理数についてさらに詳細なことは，イヴァン・ニーベン (Ivan Niven) が [2] では基本的な議論を，[3] ではもっと深い議論を提供している．

直線の傾きが有理数か無理数であることに留意して次の問題に進もう．

直線 $y=ax+b$ は，何個の格子点を通るか？

答は結局傾きに大きく依存することがわかる．以下で述べるように，そのような直線はすべて，次の五つのタイプのどれかに属することがわかる．

1. 傾きが有理数で格子点を持たない直線．
2. 傾きが有理数で無限に多くの格子点を持つ直線．
3. 傾きが無理数で格子点を持たない直線．

4. 傾きが無理数でちょうど1個の格子点を持つ直線.
5. 傾きが定義されない（$x = k$という形の）y軸に平行な直線で，定数kが整数かそうでないかによって，無限に多くの格子点を持つか，まったく持たないかどちらかとなる.

（$y = k$という形の）x軸に平行な直線は，1番か2番のタイプに属することに注意せよ．直線$x = k$と$y = k$についての格子点の考察は一目瞭然なので，今後はほとんど相手にしないつもりだ.

このような異なるケースについて考えていくと，興味深い問題が見え始めるだろう．例えば，直線が無限に多くの格子点を持つとしよう．格子点はその直線に沿ってどのように配置されているだろうか．あるいは，格子点をまったく通らない，またはただ1点のみ格子点を通る直線としよう．その直線のいくらでも近くに格子点を見つけることができるだろうか．これらは，格子系における五つのタイプの直線を議論するにつれて解決されていく問題の一部である.

1.3　傾きが有理数の直線

これから調べる格子系における直線の最初の二つのタイプは，傾きが有理数であり，格子点に関しては，まったく持たないか，あるいは無限に多く持つかのどちらかである．直線

$$y = \frac{m}{n}x + b, \quad \text{ここで } \mathrm{g.c.d.}(m, n) = 1,\ n \neq 0 \tag{1.2}$$

を考えよう．これは，有理数の傾き$a = \dfrac{m}{n}$を持つ．ここで，$\mathrm{g.c.d.}(m, n) = 1$が，$m$と$n$が互いに素という意味であることを思い出しておこう．自然な疑問はこれだ.

式(1.2)の直線が格子点$(x, y) = (p, q)$を通るための必要十分条件は何か.

まず第一に，式(1.2)の直線上に格子点(p, q)があると仮定しよう．すると，pとqは式,

$$q = \frac{m}{n}p + b$$

を満たす．$n \neq 0$ を掛けることにより $nq = mp + nb$ となり，

$$b = \frac{nq - mp}{n}$$

となる．b は二つの整数の比だから，b は有理数である．それゆえに，$b = \frac{r}{s}$ と書ける．ここで，$(r, s) = 1$, $s \neq 0$ である．直線 (1.2) は，

$$y = \frac{m}{n}x + \frac{r}{s}, \quad \text{ここで } \text{g.c.d.}(m, n) = \text{g.c.d.}(r, s) = 1 \tag{1.3}$$

と表せる．このようにして，格子点を通り有理数の傾きを持つどんな直線も，有理数の切片を持たねばならず，すなわち式 (1.3) の形でなければならないことがわかる．

次に十分条件を考えよう．

式 (1.3) の形をしたすべての直線は格子点を通るか？

例えば，直線

$$y = \frac{3}{4}x - \frac{1}{5} \tag{1.4}$$

を考えよう．これは $(3, 4) = 1$, $(1, 5) = 1$ だから，このタイプのものである．$(x, y) = (p, q)$ が式 (1.4) の直線上の格子点ならば，座標 (p, q) は式

$$q = \frac{3}{4}p - \frac{1}{5}$$

を満たす．このようにして，$5(3p - 4q) = 4$ となる．しかし，これは 4 が 5 で割り切れることを意味することになり矛盾である．だから，式 (1.4) の直線上に格子点は存在しない．このことは，式 (1.3) の形をしたすべての直線が格子点を通るわけではないことを示している．どの直線が格子点を通るのか決定できるだろうか．

望まれる条件をもっと正確に述べよう．そのためには二つの記号が必要になる．

1. 記号 $s\,|\,n$ は，**s が n の因子である**，または **n が s によって割り切れる**ということを意味する．
2. $s \nmid n$ は，**s が n を割り切らない**ことを意味する．

議論が進むにつれ，整数の整除性の性質に関するいくつかの結果を必要とするので，それらを紹介しよう．

準備のための補題　m と n を，最大公約数 d_0，つまり g.c.d.$(m, n) = d_0$ となる整数とする．このとき，$ms_0 + nt_0 = d_0$ となる整数 s_0 と t_0 が存在する．

証明　集合 $S = \{ms + nt = d \mid s, t \in \mathbb{Z}\}$ を考える．$t = 0,\ s = \pm 1$ と置くと，$|m| \in S$ となることがわかり，S は，少なくとも一つの正の整数を含む．それゆえ，正の整数からなる部分集合 S' は空でない．$d = ms_0 + nt_0$ を S' の中の最小の整数とする．同じ d の値を与える多くの整数の組 s と t が存在するだろう．事実多く存在する．差し当たりそのような1組をとって，それを s_0 と t_0 とする．ここで，この S' の中の最小の d が m と n の最大公約数であること，言い換えれば $d_0 = d$ であることを主張する．

まず，他のある整数 d_1 が m と n の両方を割りきるならば，$d_1\,|\,d$ であることを示さなければならない．しかしこれは明らかである．なぜなら，$m = d_1 k,\ n = d_1 r$ であれば，

$$
\begin{aligned}
d &= d_1 k s_0 + d_1 r t_0 \\
&= d_1(k s_0 + r t_0) \\
&= d_1 k'
\end{aligned}
$$

となるからである．次に $d\,|\,m$ と $d\,|\,n$ を示す必要がある．ここで，m と d が与えられたとき，

$$
\begin{aligned}
m &= dq + r \\
&= (ms_0 + nt_0)q + r,
\end{aligned}
\qquad \text{ここで } 0 \le r < d
$$

を満たす $q, r \in \mathbb{Z}$ が存在することがわかっている．このことは

$$\begin{aligned} r &= m - (ms_0 + nt_0)q \\ &= m(1 - s_0 q) + n(-t_0) \\ &= ms_1 + nt_1 \end{aligned}$$

と書くことができ，$r \neq 0$ なら $r \in S'$ であることを示している．しかしこれはあり得ない．なぜなら，S' は d より小さな整数を含むことになり，d の選び方に矛盾するからである．ゆえに $r = 0$，すなわち $d \,|\, m$ でなければならない．同様にして，$d \,|\, n$ となり，$d = d_0$ が証明された．■

算術の基本定理　整数 c が 2 整数 a, b の積 ab を割り，$\text{g.c.d.}(c, a) = 1$ であれば，$c \,|\, b$.

証明　$\text{g.c.d.}(c, a) = 1$ だから，$cs + at = 1$ を満たす整数 s と t がある．両辺に b を掛けると，$cbs + abt = b$ となる．一方，$c \,|\, cbs$, $c \,|\, abt$ であることはわかっている．それゆえに，$c \,|\, b$ となり，証明は終了する．■

さて，(p, q) が式 (1.3) の直線上の格子点ならば，

$$q = \frac{m}{n}p + \frac{r}{s}, \quad \text{ここで } \text{g.c.d.}(m, n) = \text{g.c.d.}(r, s) = 1$$

であり，これを変形して，

$$s(nq - mp) = nr$$

となる．これは，$s \,|\, nr$ を意味し，$\text{g.c.d.}(r, s) = 1$ より $s \,|\, n$ となる．

式 (1.2) の直線上に格子点 (p, q) があるならば，b は $b = \frac{r}{s}$ の形の有理数であり，ここで $(r, s) = 1$，$s \,|\, n$ であることはすでに示した． それゆえに，傾きが有理数で格子点を含まないタイプ (1) の式を示すことはいまやまったく簡単である．式 (1.3) の形の式において，$s \nmid n$ であることを確認することのみが必要となる．式 (1.4) は，そのような直線の一つを与える．

さて次は，タイプ (2) の直線である．直線

$$y = \frac{m}{n}x + \frac{r}{s}, \quad \text{ここで } \text{g.c.d.}(m, n) = \text{g.c.d.}(r, s) = 1,\ s \,|\, n \tag{1.5}$$

上に格子点 $(x,y)=(p_0,q_0)$ が1**個**あるならば，式

$$\begin{aligned} p_k &= p_0 + kn, \\ q_k &= q_0 + km, \end{aligned} \qquad k = 0, \pm 1, \pm 2, \ldots$$

は，$k=0$ のときの (p_0,q_0) だけでなく，k を順に $k=\pm 1, \pm 2, \ldots$ とするとき，式 (1.5) の直線上に無限に多くの格子点 (p_k,q_k) を作り出す．

この事実は次のように証明される．いくつかの過程より，(p_0,q_0) が実際に式 (1.5) の直線上の格子点の一つであることが確定していると仮定しよう．すると，

$$q_0 = \frac{m}{n}p_0 + \frac{r}{s} \quad ここで\ \text{g.c.d.}(m,n) = \text{g.c.d.}(r,s) = 1 \tag{1.6}$$

となる．式 (1.5) の直線が他に格子点を持つかどうかはまだわからない．しかし，差し当たり他の格子点 (p,q) を持つ，すなわち，

$$q = \frac{m}{n}p + \frac{r}{s} \tag{1.7}$$

と仮定しよう．式 (1.7) から式 (1.6) を引くことによって，次の関係式

$$n(q-q_0) = m(p-p_0) \tag{1.8}$$

を得る．これは，$n \mid m(p-p_0)$ を意味している．しかし，$\text{g.c.d.}(m,n)=1$ より $n \nmid m$ となり，$n \mid (p-p_0)$ とならざるを得ない．つまり，k をある整数として，$p-p_0=kn$，すなわち $p=p_0+kn$ となる．$p-p_0=kn$ を式 (1.8) に代入すると，

$$n(q-q_0) = m(kn)$$

となり，これより，

$$q = q_0 + mk$$

が容易に得られる．

これまで，(p_0,q_0) が式 (1.5) の直線上の任意の格子点で，同じ直線上に他の格子点 $(p,q)=(p_k,q_k)$ があれば，そのとき，ある整数 k に対して

$$\begin{aligned} p &= p_k = p_0 + kn, \\ q &= q_k = q_0 + km \end{aligned} \tag{1.9}$$

であることを示してきた．p と q の値は整数 k の値に依存するので，(p,q) から (p_k,q_k) へとすでに記号を変えた．

さて，逆に，**(p_0,q_0) が式 (1.5) の直線上の格子点であるなら，式 (1.9) で，$k=0,\pm1,\pm2,\ldots$ とすると，この直線上に無限に多くの格子点が自動的に作り出される**ことを証明することは容易である．これを示すためには，単純に式 (1.9) から式 (1.5) へ $x=p_k$, $y=q_k$ を代入し，

$$q_0+km=\frac{m}{n}(p_0+kn)+\frac{r}{s},$$

すなわち，$k=0,\pm1,\pm2,\ldots$ に対して，

$$q_0=\frac{m}{n}p_0+\frac{r}{s}+(mk-mk)$$

を得て，整理すると，明らかに

$$q_0=\frac{m}{n}p_0+\frac{r}{s}$$

となる．(p_0,q_0) が式 (1.5) の直線上の格子点であると仮定したので，これは正しい恒等式である．

注意　今までのところ，我々の議論は「(p_0,q_0) が式 (1.5) の直線上の格子点であるならば，そのとき……」という前提に基づいている．しかし，実際にそのような格子点が存在するというのは確かなことなのだろうか？　式 (1.5) に述べている条件のもとで，そのような解 (p_0,q_0) が常に存在することは，ユークリッドの互除法 [5]，または連分数 [4, pp. 46–48] を用いて証明できる．式 (1.5) の最初の解 (p_0,q_0) がうまい推測で求めれらることもあるだろう．

これにより，有理数の傾きを持つ直線が無限に多くの格子点を含むことは，式 (1.5) の条件を満たすことの必要十分条件であるという証明が完了した．特に，最後の条件を満たさない，つまり $s\nmid n$ ならば，そのとき有理数の傾きを持つ直線は格子点を持たない．

1.4 傾きが無理数の直線

直線を格子点に関連付けたリストの，(3), (4) のタイプについて調べよう．傾き a が無理数の直線

$$y = ax + b \tag{1.10}$$

が格子点をまったく持たないか，もしくは1個，それもただ1個の格子点だけを持つか，どちらかであることを証明したい．

その代わりに

式 (1.10) の直線上に 2 個の格子点 (p_1, q_1), (p_2, q_2) **があるとしたら，どうなるだろうか？**

について考えてみよう．そのとき公式により，傾きは

$$a = \tan\theta = \frac{q_2 - q_1}{p_2 - p_1}$$

と表される．ここで，$q_2 - q_1$ と $p_2 - p_1 \neq 0$ はともに整数である，つまり傾きは有理数となり仮定に反する．よって，そのような直線上には格子点が1個あるか，またはまったくないかのどちらかでなければならない．

これら二つの可能性を説明する直線の式を挙げるのは易しい．例えば，a を無理数として，直線 $y - q = a(x - p)$ は任意に与えられた格子点 (p, q) を通る．しかし，この直線上には他の格子点はない．また明らかに，整数でない c に対して，直線 $x = c$ は格子点を含まない．

もっと一般に，式 (1.10) において，b を**整数でない**任意の**有理数**としよう．すると，

$$y = ax + b \quad \text{より}, \quad b = y - ax$$

となる．この直線が，$x = p \neq 0$ として，格子点 $(x, y) = (p, q)$ を持つならば，$b = q - ap$ は，a が無理数で p, q が整数だから，無理数となる．しかし，b は有理数と仮定していた．また，$x = 0$ とすると，この直線上の格子点はあり得ない．というのは，$(x, y) = (0, q)$ が，$b = q$ が整数であることを示しているからである．よって，傾きが無理数で，y 切片 b が整数ではない有理数である直線は格子点を持たない．

注意　傾きが無理数の直線の式は興味深い問題を提起する．それは，どんなθの値に対して，傾き$a = \tan\theta$が無理数となるのか，である．弧度法であらわされたθが0でない任意の有理数であるとき，$\tan\theta$は無理数であることが[3]で証明されている．さらにθが度数法で表されているときは，$45 + 90n$ $(n = 0, \pm 1, \pm 2, \ldots)$を除いた任意の0でない有理数のとき，$\tan\theta$は無理数である．

傾きが無理数の直線は，1個より多くの格子点を通ることはあり得ない．まったく通らないか，または1個のみ通るかのどちらかである．ここでの興味深い問題は以下である．

傾きが無理数である直線は，格子点からどれだけの距離離れているだろうか．

この答は次の定理で与えられる．この定理は，直線がすべての格子点を避けられるにもかかわらず，無限に多くの格子点にいくらでも近くなるということを述べている．これにより，任意の距離が与えられたとき，それがどんなに小さくても，無数の格子点がその距離よりもその直線の近くにあることがわかる．このことを形式上次のように述べる．

定理 1.1　aが無理数でbが任意の実数であるとき，任意の直線$y = ax + b$はその両側に，任意に与えられた距離$\varepsilon > 0$よりも近くに無数の格子点を持つ．ここで，εはどんなに小さくともよい．

定理1.1の証明のためには，次の準備のための定理，すなわち補題が必要である．

補題 1.1　aは任意の無理数，cは任意の正の実数，$\varepsilon > 0$はどんなに小さくとることもできる任意の数である．このとき

$$c < p_1 a - q_1 < c + \varepsilon, \tag{1.11}$$

つまり，

$$0 < p_1 a - q_1 - c < \varepsilon \tag{1.11$'$}$$

を満たす整数の組(p_1, q_1)を常に見つけることができる．同様にして，

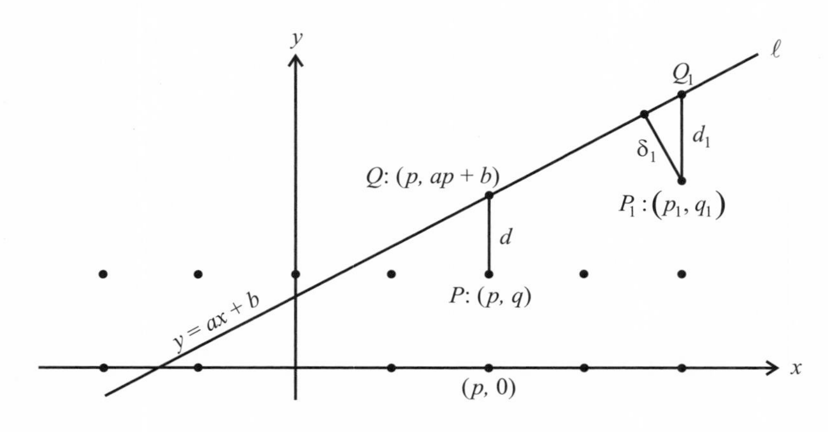

図 1.2: 近くの格子点を見つける.

$$c - \varepsilon < p_2 a - q_2 < c, \tag{1.12}$$

つまり,

$$-\varepsilon < p_2 a - q_2 - c < 0 \tag{1.12$'$}$$

を満たす整数の組 (p_2, q_2) を常に見つけることができる.

定理 1.1 の証明　図 1.2 を参考にして，$\varepsilon_1 > 0$ が与えられていると仮定しよう．$b < 0$ のとき, 補題 1.1 が正しいなら, $c = -b$ とすると, $0 < ap_1 - q_1 + b < \varepsilon_1$ であるような格子点 $P_1 : (p_1, q_1)$ を見つけることができる．すると,

$$0 < d_1 = y - q_1 = ap_1 + b - q_1 < \varepsilon_1$$

となり，$d_1 > 0$ なので，点 P_1 は直線より下側にある.

P_1 と ℓ の実距離は垂直距離 δ_1 であり，これは d_1 より小さい．よって，$0 < \delta_1 < \varepsilon_1$ である．一方，$b > 0$ ならば，$b - n < 0$ となる $n \in \mathbb{Z}^+$ を見つけて，$c = -(b - n)$ とすればよい．そのとき，再び，補題 1.1 は,

$$0 < d_1 = ap_1 - q_1 + (b - n) < \varepsilon$$

を満たす点 $P_1 : (p_1, q_1)$ を見つけることができることを保証する．すると,

$$\begin{aligned} 0 < d_1 &= ap_1 + b - (q_1 + n) \\ &= y - (q_1 + n) < \varepsilon_1 \end{aligned}$$

となる．そこで，再び，$P_1 : (p_1, q_1 + n)$ は直線より下側にあり，δ_1 は $0 < \delta_1 < \varepsilon_1$ を満たす．

この補題は任意の ε に対して不等式 $(1.11')$ を満たす整数の組 p, q が存在することを示している．そこで，正の減少列 $\varepsilon_1 > \varepsilon_2 > \cdots > 0$ を選ぶことにより，すべての点が ℓ の下側にあり，各 P_i が，ℓ との垂直距離 ε_i 以内に収まるような格子点の無限列 $P_1, P_2, P_3, \ldots$ を構成することができる．

直線 ℓ の上側に無限に多くの格子点があることを示すためには，この議論を繰り返せばよい．しかしながら，この場合 ℓ の上側に点が来るので，$q > y = ap + b$ である．ゆえに，$ap - q + b < 0$ であるので，不等式 $(1.12')$ を用いなければならない．これで，補題の証明を除いて定理 1.1 の証明は完成する．∎

覚え書　補題 1.1 の証明は最初は読むのを省略しても差し支えない．

補題 1.1 の証明　$a = \alpha, c = \gamma$ が 0 と 1 の間の正の数である特別な場合について，補題を証明すれば十分である．これを示すために，a を任意の無理数，c を任意の実数と仮定する．そのとき次のように，それぞれを書き改めることができる．

まず，a は無理数だから，

$$a = [a] + \alpha, \quad \text{ここで,} \quad 0 < \alpha < 1$$

の形に書ける．$[x]$ で表される関数は，任意の実数 x に対して **x を越えない最大の整数**として定義されている．この重要な関数は第 2 章でさらに議論される．

同様に，c は実数だから，

$$c = [c] + \gamma, \quad \text{ここで,} \quad 0 \leq \gamma < 1$$

の形に書ける．

$$\gamma < p_1\alpha - q$$
$$< \gamma + \varepsilon$$

を満たす整数 p_1, q を見つけることができるなら，$\alpha = a - [a], \gamma = c - [c]$ を代入して，

$$c - [c] < p_1(a - [a]) - q$$
$$< c - [c] + \varepsilon$$

となる．これらの不等式の両辺に，整数 $[c]$ を加えると，

$$c < p_1 a - p_1[a] - q + [c]$$
$$< c + \varepsilon$$

が得られる．ここで整数 $p_1[a] + q - [c]$ を q_1 と置くと，求めていた不等式 (1.11)，つまり，

$$c < p_1 a - q_1$$
$$< c + \varepsilon$$

を得る．

そこで，無理数 α $(0 < \alpha < 1)$，数 γ $(0 \leq \gamma < 1)$ に対して，補題を証明しよう．半径 $\dfrac{1}{2\pi}$ の円 Γ（ゆえに，円周は 1）を描き，その円周上に 1 点 A をとる．A を出発点として円周に沿って動くことにより，弧の長さが $\alpha, 2\alpha, 3\alpha, \ldots$ となるように印を付けていく．例えば，図 1.3 では，弧 AB は長さ α である．ここで，j を整数として，A から出発して整数回（$n_1 = [j\alpha]$ 回）回転して，さらに余分の距離 α_1 $(0 < \alpha_1 < 1)$ を進んで点 $j\alpha$ に到達するとしよう．新しい点は，

$$0 < \alpha_1 < 1 \text{ に対して，} \quad j\alpha = n_1 + \alpha_1 \tag{1.13}$$

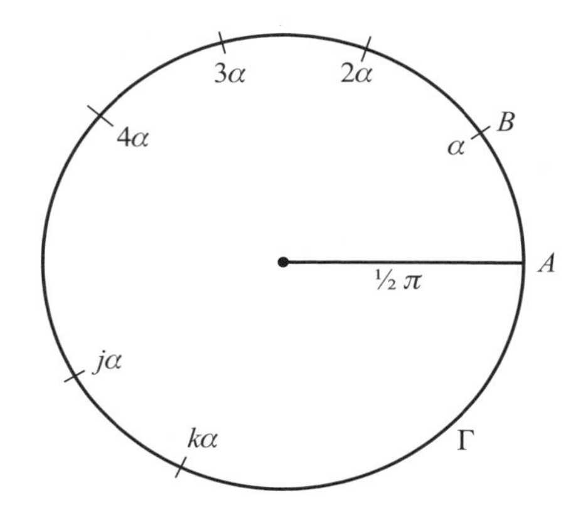

図 1.3: Γ 上に印付けられた長さ α の整数倍.

のように書くことができる．ここで，j と n_1 は整数である．同様にして，整数 k に対して $k \neq j$ として，他の任意の点 $k\alpha$ をとると，

$$0 < \alpha_2 < 1 \text{ に対して,} \quad k\alpha = n_2 + \alpha_2 \tag{1.14}$$

の形で表せる．ここで，$n_2 = [k\alpha]$ は整数である．α は無理数だから，2 点 $j\alpha$ と $k\alpha$ は一致することはあり得ない．というのは，それらが一致するなら，$\alpha_1 = \alpha_2$ でなければならないので，(1.13) から (1.14) を引くと，$(j-k)\alpha = n_1 - n_2$，すなわち

$$\alpha = \frac{n_1 - n_2}{j - k}, \quad \text{ここで,} \quad j \neq k$$

となることにより，α が有理数となるが，これは仮定に反するからである．

直観的に何が言えるだろうか．Γ の周りをぐるぐる回って，無限に多くの点 $\alpha, 2\alpha, 3\alpha, \ldots$ を連続してとったとき，それらのうちどの二つも一致することはない．そこで，Γ の少なくとも 1 点の近傍において，これらの点が無限に多く"集積して"いなければならない．そのような一つの集積点を Q とする．そのとき，Q の周りの円周上に指定した弧がどんなに小さくても，その弧上に無限に多くの点 $n\alpha$ を見つけることができるだろう．

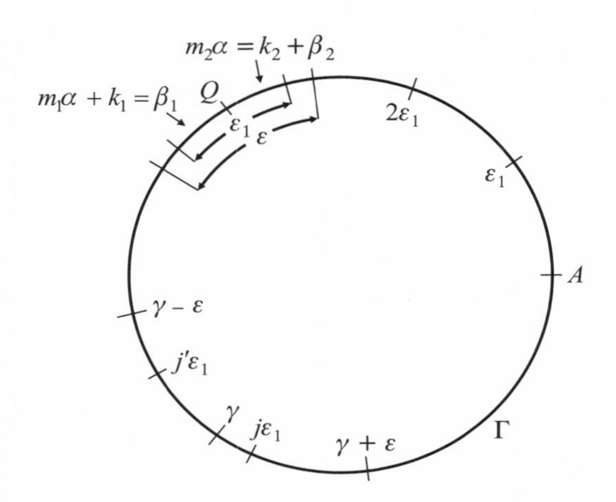

図 1.4: Q，γ，そして Γ 上の点 $n\varepsilon_1$.

注意　お望みならば，ボルツァーノ・ワイエルシュトラスの定理と呼ばれる解析学の重要な定理を用いてこの直観的な議論を完全に厳密にすることができる．この定理は，**有界で無限の点集合はすべて，少なくとも一つ極限あるいは集積点を持つ**ということを述べている．この議論と証明については，高度な微積分学の教科書を調べるとよい．

再び，図 1.4 のように，円 Γ 上のこの集積点を点 Q としよう．Q の周りに集積する点の中には，少なくとも

$$\begin{aligned} m_1\alpha &= k_1 + \beta_1, \\ m_2\alpha &= k_2 + \beta_2, \end{aligned} \qquad \text{ここで，} \quad \beta_1 \neq \beta_2$$

という 2 点で，その 2 点間の Γ 上で測った距離は，与えられた弧の長さ $\varepsilon > 0$ より，ε をどんなに小さくとっても，それより小さいものが存在しなければならない．言い換えれば，円周に沿って測られたその 2 点間の距離は，$0 < \varepsilon_1 < \varepsilon$ を満たす ε_1 である．添字を付け替えて，$\beta_1 > \beta_2$ としよう．そうすると，2 点間の距離を

$$\varepsilon_1 = \beta_1 - \beta_2 = m_1\alpha - k_1 - (m_2\alpha - k_2) = m\alpha - k, \tag{1.15}$$

と書くことができる．ここで，$m = m_1 - m_2$, $k = k_1 - k_2$ は整数である．

ちょっと立ち止まって方向を決めよう．Γ 上で，A から距離 $n\alpha$ $(n = 1, 2, 3, \ldots)$ で点の無限集合を区切ってきた．これらの点は，ある点 Q の周りに集積している．Q の周りのある小さな弧の長さ $\varepsilon > 0$ を定め，距離 $\varepsilon_1 < \varepsilon$ 離れた弧上の 2 点 $m_1\alpha$ と $m_2\alpha$ を見つけてきた．ここで，点 $n\alpha$ の集合を無視して，二つ目の構成を始めることができる．

話を進めるために，円 Γ のまっさらなコピーの上で A から再び出発して，円周に沿って測った A からの距離が二つ目の数 γ $(0 \leq \gamma \leq 1)$ である点に印を付けていく（γ は補題 1.1 で，c と置いた数であることを思い出そう）．また，A からの距離が $\varepsilon_1, 2\varepsilon_1, 3\varepsilon_1, \ldots$ の点にも印を付ける．そのとき，γ が $(j-1)\varepsilon_1$ と $j\varepsilon_1$ の間の弧上にある最初の j があるだろう．すなわち，

$$(j-1)\varepsilon_1 \leq \gamma < j\varepsilon_1 \tag{1.16}$$

である．この新しい集合における任意の連続した 2 点間の距離は $\varepsilon_1 < \varepsilon$ である．それゆえに図 1.4 で，点 $\gamma - \varepsilon$ から点 γ の弧と γ から $\gamma + \varepsilon$ の弧は各々集合 $n\varepsilon_1$ の少なくとも 1 点を含んでいる．

後者の弧は，式 (1.16) で j を決めたので，$j\varepsilon_1$ を含むことがわかる．前者の弧は，γ が ε_1 の整数倍でないなら，点 $(j-1)\varepsilon_1$ を含み，そうでなければ点 $(j-2)\varepsilon_1$ を含む．そのようにして，

$$\gamma < j\varepsilon_1 < \gamma + \varepsilon,$$

$$\gamma - \varepsilon < j'\varepsilon_1 < \gamma$$

を満たす整数 j' と j を常に見つけることができる．さらに式 (1.15) から $\varepsilon_1 = m\alpha - k$ だから，

$$\gamma < jm\alpha - jk < \gamma + \varepsilon,$$

$$\gamma - \varepsilon < j'm\alpha - j'k < \gamma$$

を満たす整数 j' と j を見つけることができる．つまり，

$$\gamma < p_1\alpha - q_1 < \gamma + \varepsilon,$$

$$\gamma - \varepsilon < p_2\alpha - q_2 < \gamma$$

を満たす整数 $p_1 = jm$, $q_1 = jk$, $p_2 = j'm$, $q_2 = j'k$ を見つけることができたことになる．これで，補題 1.1 の証明が完成した． ∎

1.5　格子点のない最大幅の道

格子点を含まない直線があることをこれまで見てきた．すると次のような疑問が生じる．

平行な直線に挟まれた無限の長さの帯状領域，もしくは道で，格子点をまったく含まないものが存在するか．

定理 1.1 によれば，平行な直線が無理数の傾きを持つなら，答は「存在しない」となる．しかし，有理数の傾きを持つ直線で定義された帯状領域の場合，答は「存在する」となる．本節では，そのような直線でできる，格子点のない最大幅の道を探そう．

基本点格子 Λ の原点 $(0,0)$ を通り，x 軸とのなす角が θ である直線 ℓ' を描く．一般性を失わないように $0 \leq \theta \leq \dfrac{\pi}{2}$ とする（$\dfrac{\pi}{2} < \theta < \pi$ なら，ℓ' の y 軸に関する鏡像を用いれば同じ結果が得られる）．次に，図 1.5 のように，ℓ' との距離が d で，ℓ' に平行な第二の直線 ℓ'' を，ℓ' の上側（または下側）に描こう．

ℓ' と ℓ'' に挟まれた領域は，方向が θ で幅が d の**道**という．明らかに，$\theta = 0$ と $\theta = \dfrac{\pi}{2}$ の二つの場合，この道は幅 $d = 1$ を持つ．問題は，

内部に格子点を持たない，方向 θ の最大幅の道は何か

である．$\tan\theta$ が無理数である θ の場合，定理 1.1 から，方向が θ で有限の幅 d を持つすべての道は，内部に無限に多くの格子点を含むことがわかっている．

しかし，$\tan\theta$ が有理数のときはどうなるだろうか（すなわち $\tan\theta = \dfrac{m}{n}$．ここで，$m$ と $n \neq 0$ は互いに素な整数である）．この場合には，格子点を含まない幅 $w > 0$ の道がある．次の定理は，この状況についての正確な記述である．

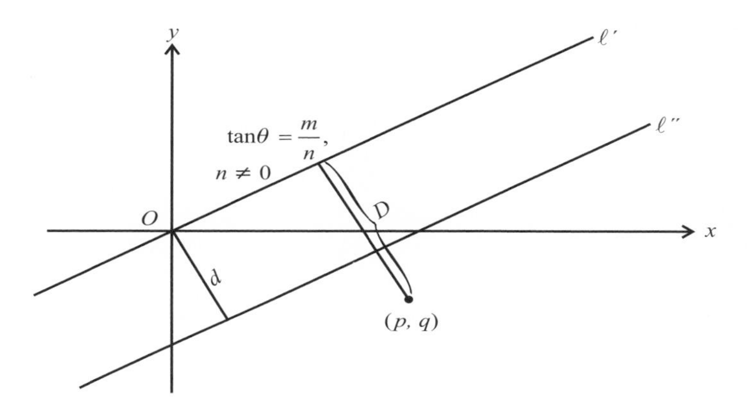

図 1.5: 幅 d の道.

定理 1.2　$\tan\theta = \dfrac{m}{n}$ (g.c.d.$(m,n) = 1$, $n \neq 0$) ならば，内部に格子点を含まないような，方向が θ で幅 $d = \dfrac{1}{\sqrt{m^2+n^2}}$ を持つ道が存在する．さらに，幅が d より大きいすべての道は格子点を含む．

証明　任意の格子点 (p,q) と ℓ' との垂直距離 D は解析幾何の公式より，

$$D = \frac{|mp - nq|}{\sqrt{m^2+n^2}} \tag{1.17}$$

で与えられる（この標準的な公式は，直線の式 $y = \dfrac{m}{n}x$ を "標準形"

$$\frac{|mx - ny|}{\sqrt{m^2+n^2}} = 0$$

で書くことによって得られる．平面上の任意の点 (p,q) に対して，式

$$\frac{|mp - nq|}{\sqrt{m^2+n^2}}$$

は (p,q) と ℓ' との距離を与える）.

ℓ' 上に実際にない最も近い格子点と ℓ' との距離が $\dfrac{1}{\sqrt{m^2+n^2}}$ であることを示すことができれば，この定理は証明される．

まず，(1.17) の分子を調べる．g.c.d.$(m,n)=1$ だから，$mp_1-nq_1=\pm1$ であるような二つの整数 $p=p_1$, $q=q_1$，そしてそれゆえに，格子点 (p_1,q_1) を常に見つけることができる [4, pp. 36–42]．記号を使って，この式はまた，

$$|mp_1-nq_1|=1$$

と書くことができる．これは，公式 (1.17) の分子に対してとり得る 0 でない最小値である．というのは，D の分子が 0 のときは，(p,q) が ℓ' 上の格子点となるからである．

(1.17) の分母はいったん ℓ' の傾きが与えられれば固定される値 $\sqrt{m^2+n^2}$ である．すると，ℓ' から最も近い格子点 (p_1,q_1) までの距離は，

$$d=\frac{1}{\sqrt{m^2+n^2}}$$

となる．

ℓ' と ℓ'' に挟まれた道の幅 w について考えよう．それらの距離が d 以下のときは，その道に格子点はないが，$w>d$ なら格子点を持つ．すると $d=\dfrac{1}{\sqrt{m^2+n^2}}$ は，内部に格子点が存在しない，方向 θ における**最大幅の道**を決定する．これで定理 1.2 の証明は完了した．　■

1.6　格子点のない道上の長方形

ℓ' と ℓ'' が格子点のない最大幅の道の境界であるとき，そこに形成される長方形の面積を見つけることは興味深いことである．

境界の一つを ℓ' と呼び，原点 $O:(0,0)$ と格子点 $C_1:(p,q)$ を通ると仮定する．ここで，$(p,q)=1$ である．図 1.6 に見るように，$OA_1B_1C_1$ によって長方形が形成できる．ここで，

$$|\overline{OA_1}|=|\overline{C_1B_1}|=d,$$

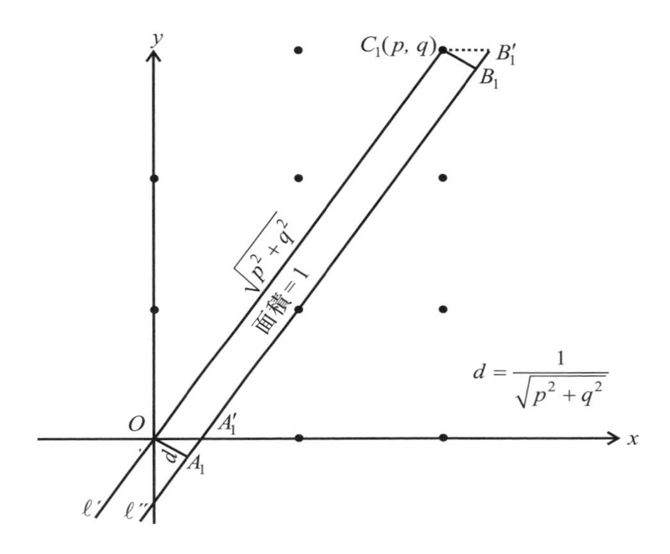

図 1.6: 格子点のない道における単位長方形.

$$d = \frac{1}{\sqrt{p^2 + q^2}}$$

である．この長方形は**単位面積**を持つ．

この証明はほぼ明らかである．長さ $|\overline{OC_1}| = \sqrt{p^2+q^2}$ であることがわかり，また幅 $d = \dfrac{1}{\sqrt{p^2+q^2}}$ であることはわかっている．そして，長方形の面積はこれらの積に等しい．

この単位面積という結果は，特別な場合を用いて幾何学的に導くこともできる．まず，図 1.6 において，長方形 $OA_1B_1C_1$ は平行四辺形 $OA_1'B_1'C_1$ の面積に等しいことに注意しよう．さて，これと図 1.7 を比較しよう．ここで ℓ' は，g.c.d.$(3,2) = 1$ より，傾き $\tan\theta = \dfrac{m}{n} = \dfrac{3}{2}$ を持つ直線である．この直線は，$O : (0,0)$ と格子点 $C : (2,3)$ を通る．

ℓ' にもっとも近い格子点は何か．それは点 $(1,1)$ である．というのは，距離の公式 (1.17) により，点 $(1,1)$ と ℓ' の距離は，

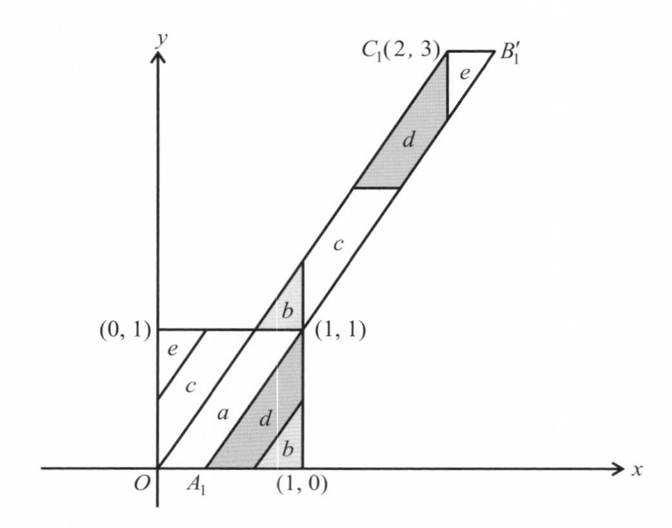

図 1.7: 単位正方形を形成する．

$$D = \frac{|3 \cdot 1 - 2 \cdot 1|}{\sqrt{3^2 + 2^2}} = \frac{1}{\sqrt{13}}$$

である．だから，$(1,1)$ を通り ℓ' に平行な直線 ℓ'' を引くと，平行四辺形 $OA_1'B_1'C_1$ の内部に格子点はあり得ない．また，その領域は a から e と名付けられたパーツから成っている．

さて，図 1.7 のパーツを再配置して，単位正方形を作ろう．パーツ a はそのまま動かさず，パーツ b とパーツ c は y 軸と平行に下方へ移動する．次に，b はそのまま $(1,0)$ の近くの新しい場所から動かさず，パーツ c を新しい場所から x 軸と平行に移動し，パーツ a の左側に来るようにする．同様にして，パーツ d とパーツ e を下方へ移動し，さらにパーツ d はパーツ a の右側，パーツ e はパーツ c の左側に来るように移動する．こうして単位正方形が完全に埋まり，これが示すべきことであった．

図 1.6 における面積 1 の $OA_1B_1C_1$ は，図 1.8 のものへと拡張される．拡張された長方形 $B_1B_2B_3B_4$ は四つの長方形から成り，それらは $OA_1B_1C_1$ に合同である．だからその面積は 4 である．そしてまた**原点に関して対称**であ

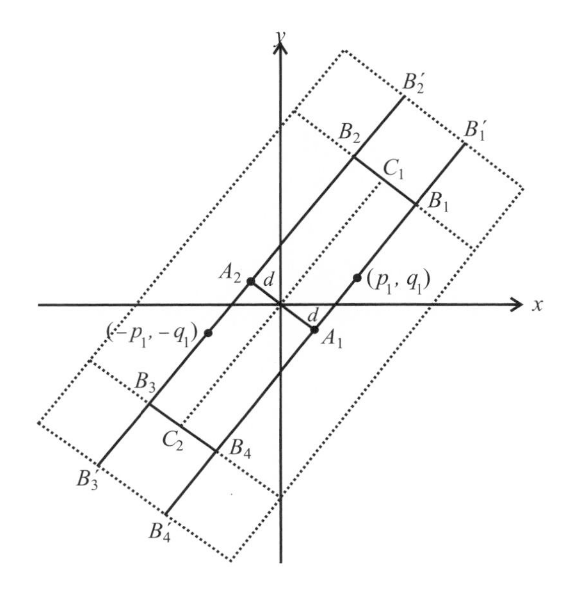

図 1.8: 長方形を拡張する．

る．これは，ある図形上の任意の点 (a, b) に対して，点 $(-a, -b)$ もまたその図形上にあるということを意味している．

$OA_1B_1C_1$ の中には格子点がない．また，$(p, q) = 1$ だから，$(0, 0)$ と (p, q) の間に格子点が存在するということもない．それゆえに，原点は $B_1B_2B_3B_4$ の中にある唯一の格子点である．境界線上には少なくとも 2 個の格子点がある．それらを $C_1 : (p, q)$ と $C_2 : (-p, -q)$ と呼ぼう．しかし，辺 A_1B_1 上のどこかに格子点 (p_1, q_1) が，そして対称性により，辺 B_3A_2 上の格子点 $(-p_1, -q_1)$ も別の格子点であるに違いない．よって $B_1B_2B_3B_4$ の境界線上には格子点は少なくとも 4 個ある．

対称性を保ちながらこの長方形を拡張すると，何が起こるだろうか．例えば，図 1.8 で点線で表示されているように辺 B_1B_2 と B_3B_4 を外側へ拡げて $B_1'B_2'$ と $B_3'B_4'$ とする．新しい長方形の面積は 4 より大きくなり，その内部は，$(0, 0)$ のそばに少なくとも二つの格子点 (p, q), $(-p, -q)$ を含む．実際，対称性を保つ限りは，4 より大きい面積を持つ新しい長方形を作るために，対辺の組を動かしてどんなに長方形を伸ばしても，新しくできた境界は，原点 $(0,0)$ のそばに少なくとも二つの格子点を常に含む．

この議論は，**原点 $(0,0)$ に関して対称で，4より大きい面積を持つ任意の長方形は，原点 $(0,0)$ 以外に少なくとも2個の格子点を囲む**ことを示唆している．

直ちに別の問題が生じる．原点 $(0,0)$ を中心とする楕円でも同じようなことが言えるだろうか．この結果をどう一般化するのか．a と b を2辺とする長方形が基本点格子 Λ 上のどこかにあるとしよう．a と b がどんな長さなら，その内部または境界線上に，少なくとも一つの格子点を含むことが保証されるか．これらの疑問には，次の章でわかるように初歩的なレベルで取り組むことができるものもある．

第1章の問題

易しい問題にはヒントを，もう少し難しいものには完全な解法を本書の最後に与えている．

1. 有理数の傾きを持つ直線で，次のような格子点を含むものの例を3個作れ．
   a. 格子点を持たない．
   b. 無限に多くの格子点を持つ．
2. 整数 $k = 0, \pm 1, \pm 2, \ldots$ に対して式 (1.9) によって与えられる格子点 (p_k, q_k) は，直線 (1.5) 上に等間隔に並ぶことを証明せよ．
3. 直線 $y = mx + b$ が格子点 (p_1, q_1) と (p_2, q_2) を通っている．任意の整数 k に対して，$p_k = p_1 + k(p_2 - p_1)$, $q_k = q_1 + k(q_2 - q_1)$ を満たす格子点 (p_k, q_k) もまた通ることを証明せよ．
4. 互いに素な整数 m, n に対して，直線 $y = \dfrac{m}{n}x$ は格子点 (p, q) を通る．ここで，$(p, q) = 1$ とする．この直線上の点 $(0,0)$ と点 (p, q) の間には，他に格子点がないことを証明せよ．
5. 直線 $y = \sqrt{2}\,x$ を考えよ．これは何か格子点を通るか．肯定，否定，どちらかを説明せよ．

6. 次の各$\varepsilon > 0$に対して，直線$y = \sqrt{2}\,x$との距離がεより小さい格子点(p, q)を見つけよ．
   a. $\varepsilon = \dfrac{1}{2}$
   b. $\varepsilon = \dfrac{1}{5}$
   c. $\varepsilon = \dfrac{1}{10}$
7. 同一直線上にない格子点上の三つの頂点を持ち，その境界線上とその内部には格子点を持たない三角形はすべて，その面積が$\dfrac{1}{2}$であることを証明せよ．

引用文献

1. C. F. Gauss, *Werke*, Vol. 2 (Göttingen: Gesellschaft der Wissenschaften, 1876).
2. Ivan Niven, *Numbers: Rational and Irrational*, New Mathematical Library Series, Vol. 1 (New York and Toronto: Random House, 1961).
3. ________, “Simple Irrationalities,” *Irrational Numbers*の第2章2節, Carus Mathematical Monographs, No. 11 (New York: Wiley, 1956), 16–21.
4. Carl D. Olds, *Continued Fractions*, New Mathematical Library Series, Vol. 9 (New York and Toronto: Random House, 1963).
5. J. V. Uspensky and M. A. Heaslet, *Elementary Number Theory* (New York: McGraw-Hill, 1939).

第2章

格子点の数え上げ

2.1 最大整数関数 $[x]$

線分上や長方形の内側，もしくは円錐曲線のいろいろなパーツなどに，格子点がどれくらい存在するだろうかとしばしば不思議に思うだろう．基本的に，知りたいことは，**どのようにして格子点の個数を数える，あるいは少なくとも予測するのか**ということである．本章では，いくつか考え方を提案する．

再び算術的関数 $[x]$ を利用しよう．これは実数 x に対して **x を超えない最大の整数**として定義されるものである．つまり，

$$[x] = \text{最大整数} \leq x$$

この整数を **x の整数部分**という．例えば，3.6 の整数部分は，$[3.6]$ で示されるが，3 である．なぜなら，3 は 3.6 以下の最大整数のためである．同様にして，$[6] = 6, [-2] = -2, [-2.5] = -3$ である．式 $y = [x]$ のグラフは図 2.1 のようになる．

数直線上での $[x]$ の位置を考えると，近隣の整数との関係をどのように表現できるだろうか．定義により，整数 $[x]$ は不等式 $[x] \leq x < [x] + 1$ を満たす．その結果，

$$x = [x] + \zeta, \quad \text{ここで,} \quad 0 \leq \zeta < 1.$$

と書くことができる．ζ を**端数部分**と呼ぶ．図 2.2 に図示する．

関数 $[x]$ には多くの役立つ性質があるが，そのうちの四つを以下に載せる．

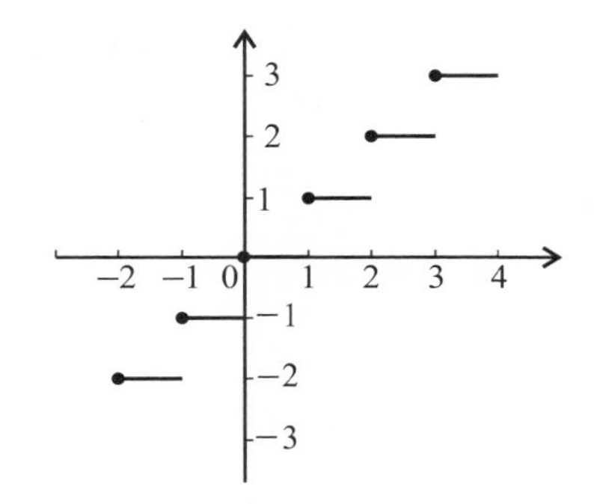

図 2.1: $y = [x]$ のグラフ.

図 2.2: x の端数部分.

例として数値を入れて各々一つずつ確認しよう.

1. n が整数のとき, $[x+n] = [x] + n$.
2. $$[x] + [-x] = \begin{cases} 0, & x\text{ が整数のとき}, \\ -1, & x\text{ が整数でないとき}. \end{cases}$$
3. $[x] + [y] \leq [x+y] \leq [x] + [y] + 1$.
4. n が正の整数のとき, $\left[\dfrac{[x]}{n}\right] = \left[\dfrac{x}{n}\right]$.

性質 3 の以下の証明は, 残りの性質を証明するための基本的な考え方を説明している.

性質 3 の証明　$[x+y] \geq [x] + [y]$ を証明しよう.

$$x = [x] + \zeta_1, \quad \text{ここで, } 0 \leq \zeta_1 < 1,$$

$$y = [y] + \zeta_2, \quad \text{ここで, } 0 \leq \zeta_2 < 1$$

とする．これらを加えると，

$$x + y = [x] + [y] + (\zeta_1 + \zeta_2).$$

となり，すると，

$$[x + y] = [(\zeta_1 + \zeta_2) + ([x] + [y])].$$

となる．$[x] + [y]$ は整数だから，性質1を援用して，

$$[x + y] = [\zeta_1 + \zeta_2] + [x] + [y].$$

と書くことができる．ここで，条件 $0 \leq \zeta_1 < 1$, $0 \leq \zeta_2 < 1$ より，$0 \leq \zeta_1 + \zeta_2 < 2$ である．そこで，$0 \leq \zeta_1 + \zeta_2 < 1$ または $1 \leq \zeta_1 + \zeta_2 < 2$ のどちらかによって，$[\zeta_1 + \zeta_2]$ は0か1のどちらかであると求められる．

相応して，

$$[x + y] = \begin{cases} [x] + [y] & [\zeta_1 + \zeta_2] = 0 \text{ のとき}, \\ [x] + [y] + 1 & [\zeta_1 + \zeta_2] = 1 \text{ のとき} \end{cases}$$

となり，性質3で述べたように，$[x + y] \geq [x] + [y]$ が証明できた． ■

2.1 節の問題

1. 次の式がすべての x, y に対しては成り立たないことを示すために反例を与えよ．
   a. $[x + y] = [x] + [y]$.
   b. $\left[\dfrac{x}{y}\right] = \dfrac{[x]}{[y]}$.
   c. $[xy] = [x] \cdot [y]$.
2. 性質1を証明せよ．
3. 性質2を証明せよ．
4. まず数値例を検討することから始め，$[x]$ に対する性質4を証明することを試みよ（巻末の解答を見ざるを得なくても，がっかりしないように）．
5. $[2x] + [2y] \geq [x] + [y] + [x + y]$ が成り立つことを証明せよ．

6. a と b が正の整数であるとき，a 以下である b の正の倍数の個数は $\left[\dfrac{a}{b}\right]$ であることを証明せよ．
7. $-[-x]$ は x 以上の最小の整数であることを証明せよ．
8. $\left[x+\dfrac{1}{2}\right]$ は x に最も近い整数であることを証明せよ．x が二つの整数の中間にあるとき，$\left[x+\dfrac{1}{2}\right]$ はその二つの整数のうちの大きい方を表している．
9. 問題 8 のように，$-\left[-x+\dfrac{1}{2}\right]$ について同様の言明を作り，証明せよ．
10. 次の結果は，あらゆる数論の教科書において証明されているものである．n を正の整数とすると，$n!=1\cdot 2\cdot 3\cdot\cdots\cdot n$ を割る素数 p の最大のべき指数は，

$$E(p,n)=\left[\frac{n}{p}\right]+\left[\frac{n}{p^2}\right]+\left[\frac{n}{p^3}\right]+\cdots$$

で表される．ただし，この和は 0 でない有限項の和である．この公式を用いて $E(7,1000)=164$ であることを示せ．すなわち，7^{164} は $1000!$ までで最大の 7 の累乗である．

2.2　$ax+by=n$ を満たす正の整数の求め方

直線 ℓ の式を

$$\ell: ax+by=n,\quad \text{g.c.d.}(a,b)=1 \tag{2.1}$$

とする．ここで，a,b,n は正の整数とする．a と b が互いに素であると仮定していることに注意しよう．我々は，この式を**ディオファントス方程式**，すなわち係数が整数で，整数解 x と y を求めるという方程式と見なすことに興味を持っている．第 1 章で (2.1) の式 $ax+by=n$ がそのような無限に多くの解 $x=p_k$, $y=q_k$（ここで，p_k と q_k はともに整数である）を持つことを示した．これは直線 (2.1) が Λ の無限に多くの格子点 (p_k,q_k) を通ることを示している．(p_0,q_0) をその格子点の一つとすると，ℓ 上の他のすべての格子点 (p_k,q_k) は式

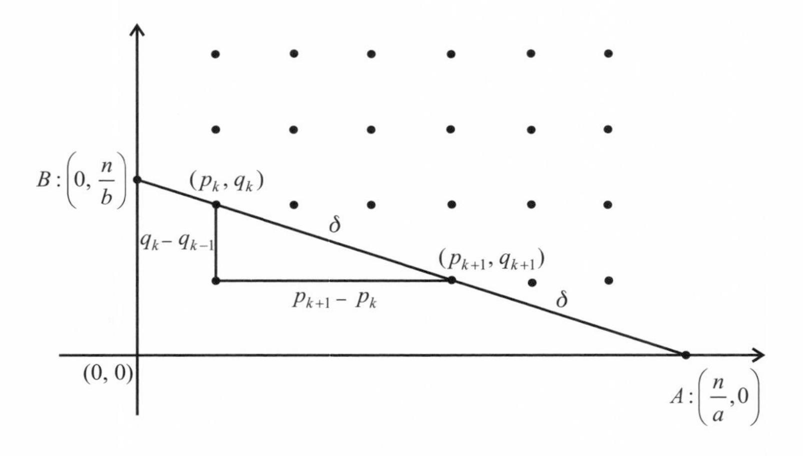

図 2.3: ℓ 上の連続する格子点間の距離.

$$\begin{aligned} p_k &= p_0 + kb, \\ q_k &= q_0 - ka, \end{aligned} \qquad k = 0, \pm 1, \pm 2, \ldots \tag{2.2}$$

から計算することができる（このタイプの式に見覚えがあるかもしれない．式 (1.5) の係数が正であることは要求しなかったが，1.3 節において，同じ形の別のものを議論していた）．

(2.1) の直線 ℓ は，点 $A : \left(\frac{n}{a}, 0\right)$ で x 軸と，点 $B : \left(0, \frac{n}{b}\right)$ で y 軸と交わっている．このパターンは興味深い疑問を示唆している．

2 点 A と B の間にある ℓ 上の格子点の個数がわかる公式はあるか？

言い換えると，式 (2.1) は何個の正の整数解 (x, y) を持つか？

図 2.3 を調べることによって，この疑問にとりかかっていこう．ここで，直角三角形 OAB は，斜辺以外の 2 辺の長さが $\frac{n}{a}$ と $\frac{n}{b}$ である．斜辺 $\overline{AB}$ の長さ c を求める公式より，

$$c = \sqrt{\left(\frac{n}{a}\right)^2 + \left(\frac{n}{b}\right)^2} = \frac{n}{ab}\sqrt{a^2 + b^2}$$

となる．隣り合う格子点を示すために，(2.2) で k の代わりに $k + 1$ を代入す

ると，

$$p_{k+1} = p_0 + (k+1)b = p_k + b$$

$$q_{k+1} = q_0 - (k+1)a = q_k - a$$

であることがわかる．ここから，ℓ 上の任意の二つの連続する格子点 P_k : (p_k, q_k) と $P_{k+1} : (p_{k+1}, q_{k+1})$ の間の距離 δ が

$$\delta = \sqrt{(p_{k+1} - p_k)^2 + (q_{k+1} - q_k)^2} = \sqrt{a^2 + b^2}.$$

のように決まる．

これで，$\overline{AB}$ 上の格子点の個数 N を評価する準備が整った．まず，$c = |\overline{AB}|$ を $\delta = |\overline{P_k P_{k+1}}|$ で割ると $\dfrac{c}{\delta} = \dfrac{n}{ab}$ が得られ，

$$\left[\frac{c}{\delta}\right] = \left[\frac{n}{ab}\right]$$

となる．これは，$\overline{AB}$ を区切ることができる間隔 δ の区間の総数を数えている．最終的に，各区間の端点は格子点であるので，$\overline{AB}$ 上に格子点が何個あるかを推測することができる．

しかしながら，やっかいな問題がある．$\overline{AB}$ 上の k 個の隣接した間隔 δ の区間は，$(k-1)$ 個の格子点で区切られており，そして $\dfrac{c}{\delta}$ が整数であるとは限らないから，次のような個々のケースに分けて考えなければならない．三つのケースの各々については図 2.4 に描かれている．

ケース 1　両切片 A と B が格子点の場合

このことは，$\dfrac{n}{b}$ と $\dfrac{n}{a}$ の両方が整数である，つまり $a \mid n$, $b \mid n$ であることを意味している．ここで，g.c.d.$(a, b) = 1$ である．すると，第 1 章の算術の基本定理によって，$ab \mid n$ が成り立つ（ただ二つの条件 $a \mid n$ と $b \mid n$ が成り立つだけでは，$ab \mid n$ は必ずしも成り立たない．例えば，$3 \mid 12$, $6 \mid 12$ のとき，$18 \nmid 12$ である）．

この場合，$\overline{AB}$ 上の格子点の個数 N は，端点 A と B を数えないで，正確に $N = \left(\dfrac{n}{ab}\right) - 1 = \left[\dfrac{n}{ab}\right] - 1$ である．だから，式 (2.1) の $\overline{AB}$ 上にある正の整数解 (x, y) の個数は $\left[\dfrac{n}{ab}\right] - 1$ である．

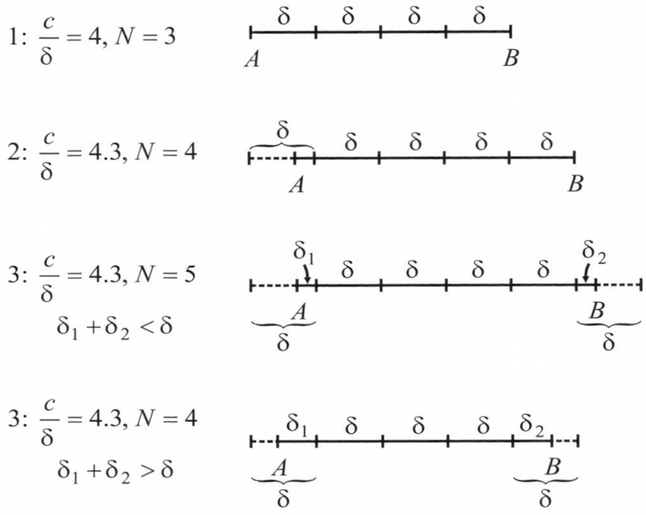

1: $\frac{c}{\delta} = 4, N = 3$

2: $\frac{c}{\delta} = 4.3, N = 4$

3: $\frac{c}{\delta} = 4.3, N = 5$
$\delta_1 + \delta_2 < \delta$

3: $\frac{c}{\delta} = 4.3, N = 4$
$\delta_1 + \delta_2 > \delta$

図 2.4: 全体的および断片的な間隔 δ の区間．ケース 1，2，3.

しかし，x と y が 0 を値に持つことを許せば，式 (2.1) の $\overline{AB}$ 上にある負でない解 (x, y) の個数は $\left[\frac{n}{ab}\right] - 1 + 2 = \left[\frac{n}{ab}\right] + 1 = N + 2$ である．

ケース 2　切片 A と B のどちらか一方だけが格子点である場合

この場合，n は a か b のどちらか一方で割り切れるが，両方ではないので，$\frac{n}{ab}$ は整数ではない．例えば B が格子点（つまり，$b \mid n$）であり，A はそうではない（つまり，$a \nmid n$）としよう．すると，図 2.4 のように，A を越えて拡がる間隔 δ の区間内に A が収まっている．B を除いて，A と B の間にある格子点の個数は，そこでの間隔 δ の区間の総数と一致する．この個数は $\left[\frac{n}{ab}\right]$ であり，$\overline{AB}$ 上の (2.1) の正の整数解の個数 N を示す．また，負でない解の個数は，$\left[\frac{n}{ab}\right] + 1 = N + 1$ となる．

ケース 3　切片 A, B のどちらも格子点でない場合

ここで，図 2.4 のように，端点 A と B は両方とも，A と B を越える方向にそれぞれ拡げた間隔 δ の区間内に入っている．この場合，$\overline{AB}$ 上の格子点の

個数は，$\overline{AB}$ 上の間隔 δ の区間の個数よりも 1 多い．

A と B の間にある**端数部分** δ_1 と δ_2 の長さの和によってこのことを見てみよう．二つの結果が可能だ．まず，$\delta_1 + \delta_2 < \delta$ のとき，間隔 δ の区間の総数は $\left[\frac{n}{ab}\right]$ であり，$\overline{AB}$ 上の格子点の個数 N はそれより 1 多い $\left[\frac{n}{ab}\right] + 1$ である．次に $\delta_1 + \delta_2 > \delta$ のとき，間隔 δ の区間の総数は $\left[\frac{n}{ab}\right] - 1$ であり，$\overline{AB}$ 上の格子点の個数はこれより 1 多い $N = \left[\frac{n}{ab}\right]$ である．

これらのケースは，格子点を数えるための次の定理を立証している．

定理 2.1　a, b, n は正の整数で，g.c.d.$(a, b) = 1$ とすると，直線 $ax + by = n$ 上にある格子点 $(x, y) = (p, q)$ $(x = p > 0,\ y = q > 0)$ の個数は

$$ab \neq 0 \text{ に対して，}\quad N = \left[\frac{n}{ab}\right] + \zeta \tag{2.3}$$

と等しい．ここで，ζ は $-1, 0, 1$ のどれかである．

公式 (2.3) は N に対する正確な公式ではないにもかかわらず，三つの連続する整数を作り出し，そのうちの一つが N に等しい．$\frac{n}{ab}$ が整数のときのみ，$\zeta = -1$ が起こり得るということは既知であった．だから，明らかに，$n > ab$ ならば，式 (2.1) は常に，少なくとも一つ正の解 (x, y) を持つ．ディクソン (Dickson) [1] は，公式 (2.3) の方向で，もっと多くの情報を提示している．

2.2 節の問題

1. 次の数値例を使って，定理 2.1 に至る議論を確かめよ．それぞれの場合に対して，図を描け．

   a. $x + y = 5$.
   b. $2x + y = 5$.
   c. $3x + 4y = 24$.
   d. $3x + 2y = 13$.
   e. $4x + 3y = 11$.

2. (p_0, q_0) が (2.1) の任意の特殊解であるとき，(2.2) で与えられた (p_k, q_k)

に対する式が他のすべての解を与えることを証明せよ．

3. 数値例を使って，定理2.1を説明せよ．
4. ハワード・グロスマン (Howard Grossman) は彼の論文 "Fun with Lattice Points" [2] で，多くの興味深い問題を提供した．ウィリアム・シャーフ (William Schaaf) は，幾何学の問題集の広範な文献目録はもちろん，その話題に関する彼の出版物の一覧もまとめた [3]．ここに，興味ある読者が考え出すだろう問題のタイプの，一つの例を挙げよう．

   原点 $O:(0,0)$ から直線 $x+2y=n$ 上の格子点への格子の道の個数は，$u_1=1$, $u_2=2$, $u_3=u_1+u_2=3, \ldots, u_n=u_{n-1}+u_{n-2}$ で定義されるフィボナッチ数列 $1,2,3,5,8,13,21,\ldots$ の第 n 項に等しい．格子の道は，O から北（上）へ，または東（右）へ，この二つの方向のみ格子に沿って動くタクシーの経路のようなものである．これは特に，非負の整数の座標を持つ格子点のみに到達できることを意味する．$n=7$ の場合，O から格子点 $(7,0)$, $(5,1)$, $(3,2)$, $(1,3)$ は $1+6+10+4=21=u_7$ であることを，図を描いて示せ．

2.3　三角形の内側の格子点

整数の級数の和をどのように見出すか？　ある級数については，この問題は，格子点の観点から幾何学的に考えることによって解くことがしばしば可能である．ここに典型的な例を示す．

定理 2.2　P と Q が二つの正で互いに素な整数，つまり $(P,Q)=1$ であるなら，

$$\left[\frac{Q}{P}\right]+\left[\frac{2Q}{P}\right]+\left[\frac{3Q}{P}\right]+\cdots+\left[\frac{(P-1)Q}{P}\right]=\frac{(P-1)(Q-1)}{2}.$$

となる．

証明　図2.5のように，基本格子上で，Λ は点 $O:(0,0)$, $A:(P,0)$, $B:(P,Q)$, $C:(0,Q)$ をとる．ここで，図2.5は $P=7$, $Q=5$ の場合を描いたものである．一般性を失うことなく，$P>Q$ と仮定してもよい．というの

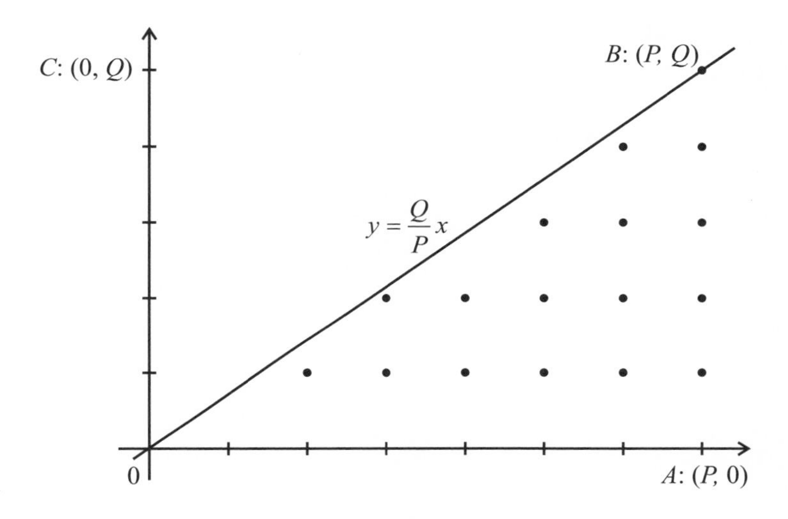

図 2.5: 三角形内の格子点.

は，$P < Q$ のときは単純に P と Q を交換すればよいからである．

対角線 OB の式が

$$y = \frac{Q}{P}x, \quad \text{ここで，} \ \text{g.c.d.}(Q, P) = 1 \tag{2.4}$$

であるので，OB 上の格子点は O と B だけである．というのは，直線 (2.4) 上の O と B の間に格子点 (p, q) があるとすれば，$\dfrac{q}{p} = \dfrac{Q}{P}$ となる．それにもかかわらず，$0 < p < P$, $0 < q < Q$ であり，これは $\text{g.c.d.}(Q, P) = 1$ という仮定によって保証されている $\dfrac{Q}{P}$ が既約分数であるという事実と矛盾する．

ここで，直線 (2.4) で，$x = n$, $n = 1, 2, \ldots, P - 1$ と置くと，

$$[y] = \left[\frac{nQ}{P}\right]$$

が得られる．この整数は，直線上の点 (n, y) に最も近い鉛直線 $x = n$ 上にあり，直線よりは下にある格子点の y 座標を表している．$[y]$ から，OB より下で x 軸より上にある $x = n$ 上の格子点の個数も得られる．こうして，今や

$\triangle OAB$ の内側に格子点が何個あるかを計算できる．

$\triangle OAB$ の内部にある格子点の総数は，和

$$\left[\frac{1Q}{P}\right]+\left[\frac{2Q}{P}\right]+\cdots+\left[\frac{(P-1)Q}{P}\right] \tag{2.5}$$

に等しい．例えば，図2.5では，直線 $x=1,2,3,4,5,6$ 上にある，$\triangle OAB$ の内側の格子点の総数は，

$$\left[\frac{1\cdot 5}{7}\right]+\left[\frac{2\cdot 5}{7}\right]+\left[\frac{3\cdot 5}{7}\right]+\left[\frac{4\cdot 5}{7}\right]+\left[\frac{5\cdot 5}{7}\right]+\left[\frac{6\cdot 5}{7}\right]=12$$

に等しい．対称性より，長方形 $OABC$ はこの和のちょうど2倍，つまり24個の格子点を含んでいる．

それから，一般に，三角形に対する和(2.5)は，長方形 $OABC$ の内側の格子点の総数のちょうど半分，

$$\frac{(P-1)(Q-1)}{2}$$

である．これで定理2.2が証明された． ■

定理2.2を拡張したり一般化した多くの結果が知られている．ここで，さらに二つの定理を紹介しておく．証明は節末の演習問題にしておく．

定理 2.3　P と Q が二つの正の整数で，g.c.d.(P,Q) が P と Q の最大公約数を表すとして，$d=\text{g.c.d.}(P,Q)$ とするとき，

$$\left[\frac{1Q}{P}\right]+\left[\frac{2Q}{P}\right]+\cdots+\left[\frac{(P-1)Q}{P}\right]=\frac{(P-1)(Q-1)}{2}+\frac{d-1}{2}$$

が成り立つ．

定理 2.4　奇素数 P,Q に対して，$P'=\dfrac{P-1}{2}$, $Q'=\dfrac{Q-1}{2}$ とすると，

$$\sum_{j=1}^{P'}\left[\frac{jQ}{P}\right]+\sum_{j=1}^{Q'}\left[\frac{jP}{Q}\right]=P'Q'$$

が成り立つ．

2.3 節の問題

1. 定理 2.3 の公式の右辺 $\frac{1}{2}(P-1)(Q-1)+\frac{1}{2}(d-1)$ が，最大公約数 d を持つ整数 P, Q の選び方によらず整数であるのはなぜか説明せよ．
2. 定理 2.2, 2.3, 2.4 を説明する数値例を作り出せ．
3. 定理 2.3 を証明せよ．
4. 定理 2.4 を証明せよ．

引用文献

1. L. E. Dickson, "Linear Diophantine Equations and Congruences," *History of the Theory of Numbers, Vol. II: Diophantine Analysis* の第 2 章 (Washington, D.C.: Carnegie Institute, 1920), 64–71.
2. Howard D. Grossman, "Fun with Lattice Points," *Scripta Mathematica* 16 (1950): 207–12.
3. William Schaaf, *Bibliography of Recreational Mathematics*, Vol. I (Reston, VA: National Council of Teachers of Mathematics, 1959; 再版, 1973).

第3章
格子点と多角形の面積

3.1　点と多角形

格子点と，多角形や長方形のような幾何学的図形の面積との間には，多くの興味深い関係がある．後に，第II部では，この魅惑的な**数の幾何学**におけるミンコフスキーの美しい定理を探求していく．本章では，これらの関係の根底にある基礎概念を導入する．鍵となる用語を定義することから始め，それから二つの重要な定理を考察していくことにしよう．

多角形というのは，与えられた順で，**辺**と呼ばれる線分で連結された**頂点**と呼ばれる点の集合のことである．図3.1を参照のこと．多角形を構成するのに，与えられた点に $P_1, P_2, \ldots, P_n$ と番号を付けて，線分 $\overline{P_1P_2}$, $\overline{P_2P_3}$, $\ldots$, $\overline{P_{n-1}P_n}$, $\overline{P_nP_1}$ を引く．連続する2辺 $P_{k-1}P_k$ と P_kP_{k+1} は，頂点 P_k を共有する．**単純多角形**では，どの2辺も頂点以外の点を共有しない．図3.1で，左と中央の二つの多角形は単純多角形であり，右の一つはそうではな

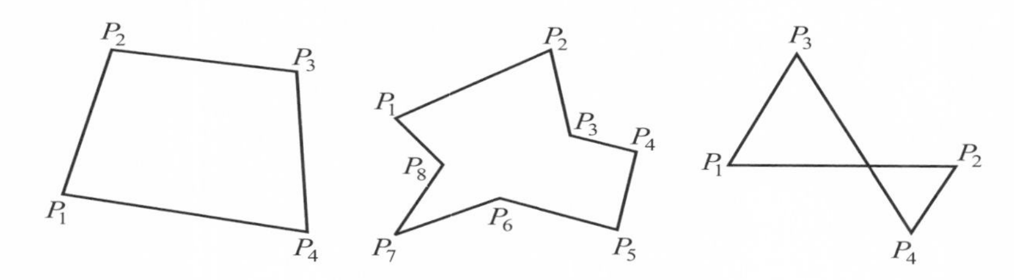

図3.1: 左および中央：単純多角形の例．右：単純でない多角形．

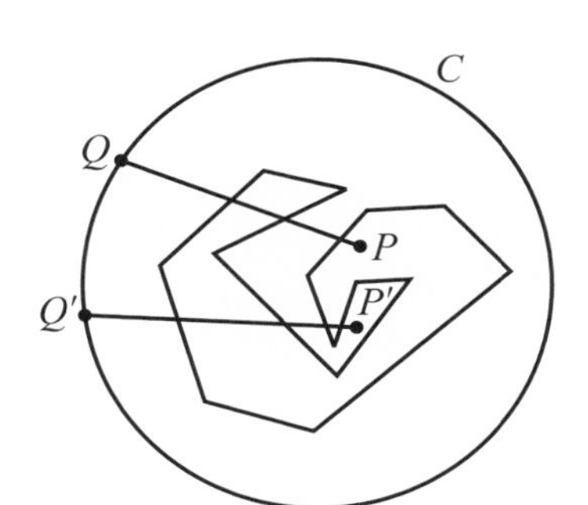

図 3.2: P が多角形の内部か外部か決定する．

い．ここからは，単純多角形についてのみ考えていくことにしよう．

多角形の**境界**は，そのすべての辺と頂点の集合である．境界は平面を二つの領域，すなわち多角形の**内部**と**外部**に分ける．格子点を探すために，これらの境界の内側，境界上，そして境界の外側を確かめていく．

点 P が多角形の内部にあるかどうかを調べることは容易である．

1. まず，図 3.2 のように，多角形と共有する点を持たない大きな円 C で多角形全体を囲む．頂点 $P_1, P_2, \ldots, P_n$ の個数 n は有限個に過ぎないので，n 個の頂点をすべて囲む円は常に描くことが可能である．
2. 次に，n 個すべての頂点を通らない方向に，P から任意の射線を引き，射線が C と交わるまで伸ばして，その交点を Q とする．
3. ここで，この射線 PQ が多角形の境界と何回交わるかを数える．奇数回交われば P は多角形の内部にあり，偶数回交われば P は多角形の外部にある．これらの例が，図 3.2 において，それぞれ Q と Q' で C と交わる射線を持つ P と P' で示されている．

3.2　ピックの定理

$\mathcal{P}$ を整数格子 Λ 上に頂点を持つ任意の単純多角形とする．$\mathcal{P}$ の面積と，境界上もしくは内部に含まれる格子点の個数との間に興味深い関係が存在する．ヒューゴ・シュタインハウス (Hugo Steinhaus) によれば，この関係はゲオルク・ピック (Georg Pick) によって，1899年に最初に証明され，いみじくも**ピックの定理**と呼ばれる．

定理 3.1　頂点が Λ の格子点である任意の単純多角形 $\mathcal{P}$ の面積は，公式

$$A = I + \frac{1}{2}B - 1 \tag{3.1}$$

で与えられる．ここで，I は $\mathcal{P}$ の内側にある格子点の個数，B は境界上にある格子点の個数であり，頂点も含む．

ピックの定理の通常の証明は，頂点が格子点であるが，他にはその内部にも辺上にも格子点を持たない三角形の面積はちょうど $\frac{1}{2}$ であるという事実に基づいている．ピックの定理はほかの書籍 [1] で十分に議論されているので，ここでは省略する．

3.2 節の問題

1. a と b を整数として，$(0,0)$, $(a,0)$, (a,b), $(0,b)$ を頂点とする長方形を描け．a, b を用いて，境界上の格子点の個数 B，内部の格子点の個数 I を計算し，この長方形においてピックの定理を確めよ．
2. a と b を互いに素な整数とし，$(0,0)$, $(a,0)$, (a,b) を頂点とする三角形を描け．ピックの定理を用いて，この三角形の内部の格子点の個数が $I = \frac{1}{2}(a-1)(b-1)$ に等しいことを示せ．
3. $P_1 = (0,0)$, $P_2 = (6,3)$, $P_3 = (3,0)$, $P_4 = (1,2)$ として，多角形 $P_1P_2P_3P_4$ を描け．$P_1P_2P_3P_4$ に対してピックの定理が成り立たないことを示せ．これは単純多角形であるか？
4. $(0,0)$, $(6,0)$, $(6,2)$, $(4,5)$, $(1,3)$ を頂点に持つ多角形 $\mathcal{P}$ を描け．$(2,1)$, $(4,2)$, $(4,3)$, $(2,2)$ を頂点に持つ内部の多角形 $\mathcal{P}_1$ を除け．二重連結な多角形 $\mathcal{P} - \mathcal{P}_1$ に対してピックの定理は成り立つか？
5. 任意の多角形 $\mathcal{P}$ と $\mathcal{P}$ の内部にその境界が完全に含まれている第二の多角形 $\mathcal{P}'$ を考える．$\mathcal{P}$ と $\mathcal{P}'$ のすべての頂点が格子点であると仮定し，$\mathcal{P}$ と $\mathcal{P}'$ の境界によって囲まれた領域を $\mathcal{P} - \mathcal{P}'$ と表す．二重連結な多角形

$\mathcal{P}-\mathcal{P}'$ に対して，ピックの定理が成り立たないこと，そして，その公式は実際の面積よりも単位正方形一つ分少ない面積を与えることを示せ．

6. a と b を正の整数，その最大公約数を d，つまり $d=\text{g.c.d.}(a,b)$ として，菱形 $a|x|+b|y|=ab$ を考える．この菱形の内部の格子点の個数についての公式を見つけよ．

3.3　長方形の格子点被覆定理

Λ は xy 平面における整数を座標に持つ点による基本格子であった．長方形が平面内のどこにあるかどうかにかかわらず，その内部もしくは境界上に Λ の格子点が少なくとも一つ存在するなら，その長方形は**格子点被覆性**を持つといわれる．長方形がこの性質を持つかどうかは，その大きさが決めるのではないかと推測するかもしれない．実際，次の定理が大きさの基準について詳しく述べている．

定理 3.2　2辺が a, b（ここで $a \leq b$）の長さを持つ任意の長方形が格子点被覆性を持つための必要十分条件は $a \geq 1,\ b \geq \sqrt{2}$ となることである．

証明　定理に述べられた条件は必要である．その理由としては，$a<1$ で b をお好みの任意の大きさとする場合について代わりに考えよう．すると，長さが b の辺が y 軸に平行になるように長方形を配置することができ，そのため長方形の内側と境界上には格子点がない．図 3.3 の長方形 R_1 を参照せよ．そのような長方形は明らかに格子点被覆性を持たない．同様に，a が任意で $b<1$ のときも格子点被覆性を持たない．

一方，$a \geq 1$ だが，$b<\sqrt{2}$（つまり，$1 \leq a \leq b < \sqrt{2}$）のときは，$x$ 軸とのなす角が 45° となるように長方形を傾けることができ，そのため4頂点が $\left(\frac{1}{2},-\frac{1}{2}\right)$，$\left(\frac{3}{2},\frac{1}{2}\right)$，$\left(\frac{1}{2},\frac{3}{2}\right)$，$\left(-\frac{1}{2},\frac{1}{2}\right)$ で1辺の長さが $\sqrt{2}$ の正方形の内側に完全に置くことができる．図 3.3 の R_2 を参照せよ．この場合もまた，そのように置かれた長方形は被覆性を持たない．よって，長さ a，b を持つすべての長方形が格子点被覆性を持つとするならば，確かに $a \geq 1$ かつ $b \geq \sqrt{2}$ でなければならない．

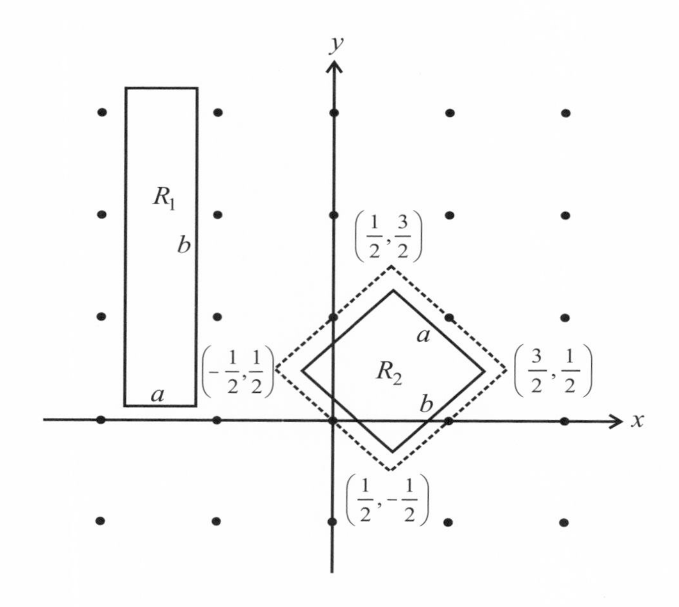

図 3.3: $a < 1$ の長方形 R_1，そして $1 \leq a \leq b < \sqrt{2}$ の長方形 R_2.

逆を証明するためには，次の補題が必要である．

補題 3.1　ℓ_1 と ℓ_2 を距離が $\sqrt{2}$ 離れた平行な 2 直線とする．これら 2 直線を含む帯状領域，および 2 直線間の空間は，いずれの方向にも，無限に多くの格子点を持つ．

補題 3.1 の証明　距離が $\sqrt{2}$ 離れている平行な 2 直線 ℓ_1 と ℓ_2 が x 軸または y 軸に平行であるとする．図 3.4 の左上の図を参照せよ．このとき，格子 L の直線は，ℓ_1 と ℓ_2 の間にあるか，どちらか一方と一致するかのどちらかであり，そのような直線は Λ の格子点を無限に多く含んでいる．よって，このような場合に補題は成り立っている．

一方，2 直線 ℓ_1 と ℓ_2 が x 軸と角度 α で交わっているとする．ここで，$0^\circ < \alpha < 90^\circ$，または $90^\circ < \alpha < 180^\circ$ である．図 3.4 の下の図および右の図を参照せよ．すると，$0 < \sin\alpha < 1$ であり，直角三角形 PQR より，線分 $\overline{PR}$ において，

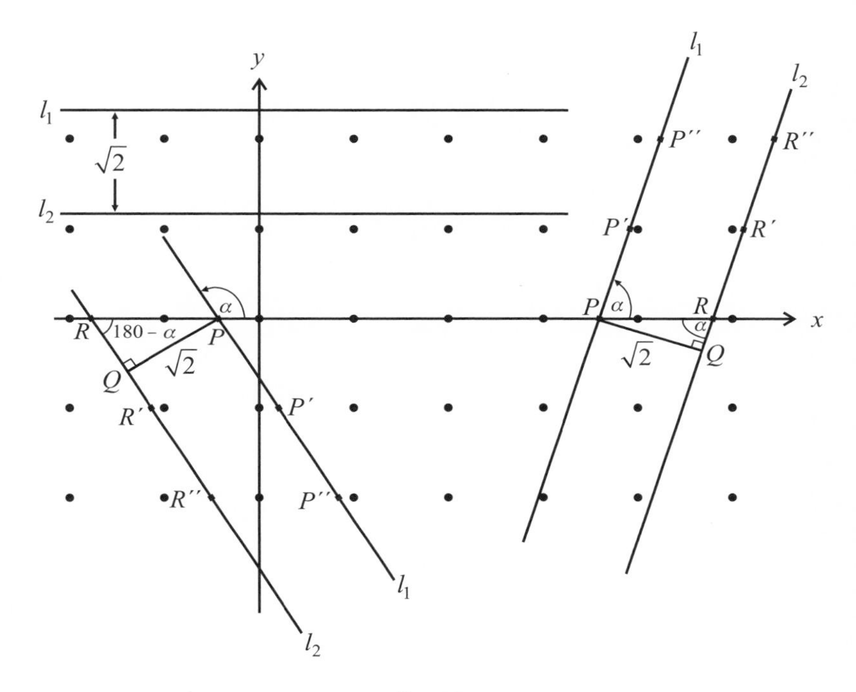

図 3.4: 幅 $\sqrt{2}$ の道上の格子点.

$$|\overline{PR}| = \frac{\sqrt{2}}{\sin\alpha} > \sqrt{2} > 1$$

であることがわかる．$\overline{PR}$ は，$\sqrt{2}$ より大きい幅を持つので，少なくとも一つは格子点を含まなければならない．しかし，これと同じことが，平行な 2 直線 ℓ_1 と ℓ_2 が格子 L の水平線を横切る点を結ぶ平行な線分 $\overline{P'R'}$, $\overline{P''R''}$, ... で保持される．よって，ℓ_1 と ℓ_2 で作られる任意の帯状領域は，無限に多くの格子点を含む．これで補題 3.1 の証明は終わった． ∎

定理 3.2 の証明の続き　2 辺の長さが 1 と $\sqrt{2}$ を持つ長方形が格子点被覆性を持つことを証明すれば十分である．そのために逆を仮定してみよう．すると，格子 L 上で，

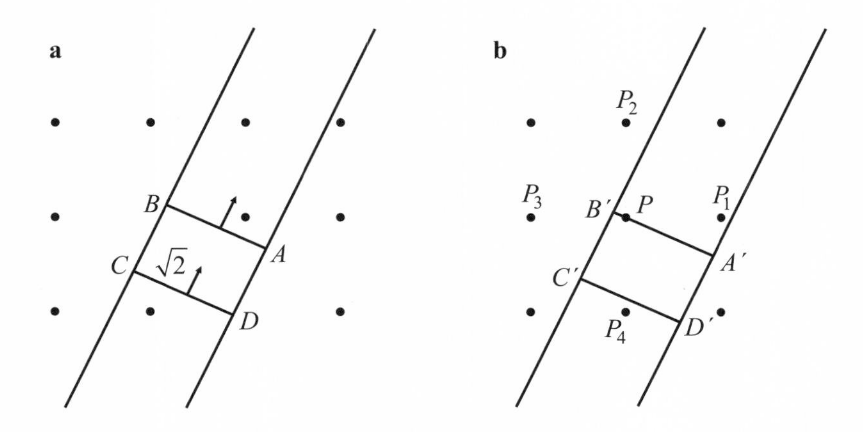

図 3.5: (a) 幅 $\sqrt{2}$ の道上の長方形．(b) 長方形を最初に出会う格子点 P へとずらす．

$$|\overline{AB}| = |\overline{CD}| = \sqrt{2},$$

$$|\overline{BC}| = |\overline{AD}| = 1$$

となるように長方形 $ABCD$ を配置でき，それによりこの長方形は内側，境界上のいずれにも Λ の格子点を持たない．

明らかに，この長方形の両辺とも，x 軸，y 軸のいずれにも平行ではない．そうでないと，格子点が少なくとも $ABCD$ の内側か境界上にあるだろう．代わりに，長方形の辺 AB がどちらの軸にも平行でないと仮定してもよい．図 3.5a を参照せよ．

辺 AD と BC を両方向に延ばして，幅 $\sqrt{2}$ の帯状領域を作ると，これは補題 3.1 によって無限に多くの格子点を含む．ここで，この帯状領域で $ABCD$ を上下にずらすと，辺 AB（または CD）は，それゆえに無限に多くの格子点と当たるか通り過ぎなければならない．

長方形が最初に AB 上で格子点 P と（あるいは CD 上で Q と）出会うとき，長方形の位置について考えよう．ずらした位置を $A'B'C'D'$ として，AB 上の P が問題になっている点であると仮定しよう．図 3.5b を参照せよ．どこに P が見つかるだろうか．知っている限りでは，A'，B'，またはそれ

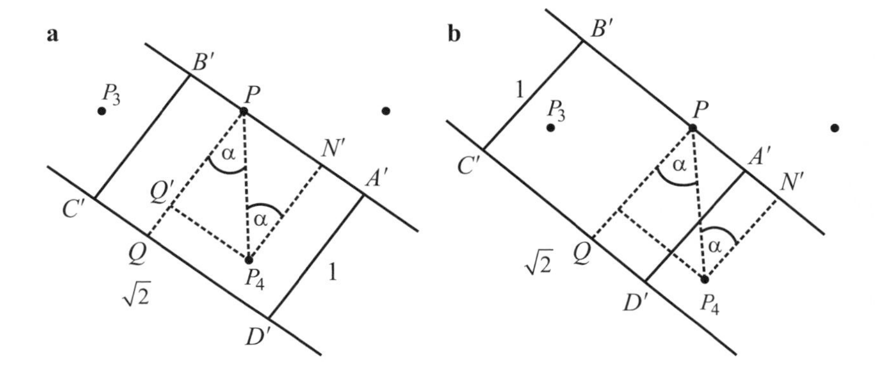

図 3.6: 中心 P の円 Γ.

らを結ぶ線分上のどこかであろう.

P が移動した長方形が出会った最初の格子点であるので，これもまた $A'B'C'D'$ の内側か境界上の，Λ の唯一の格子点でなければならない．というのは，図 3.5b のように，移動した長方形の境界上か内側にもう一つの点 R があると仮定しよう．すると，辺 AB は，新しい位置 $A'B'C'D'$ にずらす間に P の前に R と出会っていなければならない（これは，P が最初に出会うという仮定に反する）か，あるいは，$ABCD$ が最初の位置で R を含んでいなければならない（これは，$ABCD$ がもともと Λ の格子点を持たないという仮定に反する）かどちらかとなる．こうして，$ABCD$ が被覆性を持たず，P がこの方法によって定められた点ならば，図 3.5b の状況は起こり得ない.

しかし，ここで，仮定したように 2 辺の長さが 1 と $\sqrt{2}$ の長方形 $ABCD$ ならば，図 3.5b の状況が起こるべきであることを証明しよう．言い換えれば，P に一番近い格子点の少なくとも一つが移動した長方形 $A'B'C'D'$ 内になければならない．図 3.5b において，これらの近くにある格子点を，P_1, P_2, P_3, P_4 と名付ける.

このことを示すために，図 3.6 のように，中心が P で半径 1 の円 Γ を描く．$A'B'$ が水平ではないので，A' と B' を通る直径は P_1 と P_3 を通る直径を切断している．ゆえに，P の近傍にある二つの格子点（P_3, P_4 とする）は，A' と B' を通る直線の下側にある．これらの二つの格子点はまた，$C'D'$ が Q

におけるΓの接線であるので，C'とD'を通る直線の上側にある．だから，$C'D'$はQから見ると円周上のどの点よりも下にある．よって，P_3とP_4が$A'B'$と$C'D'$によって決まる帯状領域内にあることを示した．

次にP_3かP_4の一方が辺$B'C'$と$A'D'$の間かどちらかの辺上になければならないことを示したい．そのために$\angle QPP_4$をαとしてP_4の位置を調べるのに使用する．これまでの説明で，P_4は$B'C'$を通る直線の右にある．P_4から下ろしたある垂線が点N'で$A'B'$を通る直線と交わるとし，もう1本の垂線が点Q'で$\overline{PQ}$と交わるとする．$|PA'| \geq \sin\alpha$なら，

$$|PA'| \geq \frac{|\overline{PN'}|}{|\overline{PP_4}|} = |\overline{PN'}| = \sin\alpha$$

となる．これより，

$$|PA'| \geq |\overline{Q'P_4}|$$

となり，この場合P_4は辺$A'D'$の左，もしくは辺上になければならない．

一方，

$$|PA'| < \sin\alpha = |\overline{PN'}|$$

と仮定してみよう．この場合，P_4は$A'B'C'D'$の外側にある．しかし，そうであれば，P_4から$B'C'$への距離は，$|\overline{A'B'}| = \sqrt{2}$より大きくなければならない．その結果，中心$P_4$，半径$\sqrt{2}$の円は，$P_3$を通るにもかかわらず$B'C'$とは交わらない．よって，$P_4$が長方形の外にあるならば，$P_3$は内側になければならない．

このようにして，$ABCD$が格子点を含まないように格子L上に配置できるという仮定によって矛盾が生じ，定理3.2が証明された．■

この定理3.2の証明は，ニーヴェン＆ズッカーマン (I. Niven and H. Zuckerman) [2] に依っている．彼らはまた，他の興味深い被覆定理を展開している．

3.3 節の問題

1. 実験（例えば，注意深く描くこと）によって，補題3.1の数値$\sqrt{2}$がもっと小さい数によって置き換えられることを示せ．どれ位小さいか？　こ

の小さい数は被覆定理を与えるだろうか．

2. 図3.4の右端の帯状領域を再現し，正確な $\sqrt{2} \times 1$ の長方形を透明なプラスチックの上で切り取れ．$A'B'$ 上に格子点 P があり，$A'B'C'D'$ の内側に格子点 P_4 があるならば，$ABCD$ の内側にも格子点があることを読者自身が納得せよ．
3. 問題2の透明な長方形の対角線の交点を印せ．これを格子点とする．
    a. この長方形は常にその中か境界上に他の格子点を持つだろうか．
    b. これができるようにするには，寸法をどのように変えればよいか．
    c. これらの寸法はどれ位大きくすることができるか．
4. 透明な 2×2 の正方形を作り，その対角線の交点を印せ．これを，問題3の問に答えるために利用せよ．

引用文献

1. Ross Honsberger, *Ingenuity in Mathematics*, New Mathematical Library Series, Vol. 23 (New York: Random House, 1970), 27–31.
2. Ivan Niven and Herbert Zuckerman, "The Lattice Point Covering Theorem for Rectangles," *Mathematics Magazine* 42 (1969): 85–86.

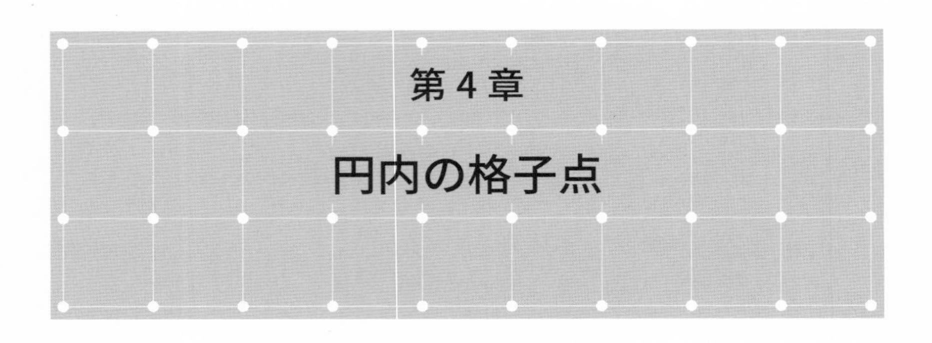

第4章 円内の格子点

4.1 格子点は何個あるか？

格子点の初期の研究の一つに，カール・フリードリッヒ・ガウスが着手したものがある．1837年，ガウス (Gauss) [3] は，ある大きさの円の内側または円周上に何個の格子点が存在するかという問題に取り組んだ結果を発表した．専門用語を用いて彼の問題をこのように表現しよう．

負でない整数 n に対して，基本点格子 Λ の原点を中心とし，半径を $r = \sqrt{n}$ とする円 $C(\sqrt{n})$ の内部または境界上における格子点の個数 $N(n)$ はいくつか？

ガウスは，表4.1に示されるように，10から300までの結果を計算した．

表の証拠により，n が増えるにつれ，n に対する $N(n)$ の比が π にどんどん近づくことが示唆される．記号を用いて

$$\lim_{n\to\infty} \frac{N(n)}{n} = \pi = 3.14159\cdots$$

と書きたい．

1961年に，ミッチェル (Mitchell) [6] は，$\sqrt{n} = 1$ から $\sqrt{n} = 200{,}000$ まで，$N(n)$ の値をさらに計算した．まったく当然のことだが，彼は，今日では極めて遅いと考えられているコンピュータで計算をしていたので，$\sqrt{n} = 1000$ から後で値を大きく飛ばした．彼の計算結果のいくつかを表4.2に抜粋している．

表 4.1: 半径 r の円に対する格子点の個数 $N(n)$.

$r = \sqrt{n}$	$N(n)$	$N(n)/n$	$r = \sqrt{n}$	$N(n)$	$N(n)/n$
1	5	5	9	253	⋮
2	13	3.25	10	317	3.17
3	29	$3.\overline{22}$	20	1257	3.1425
4	49	3.0625	30	2821	3.134
5	81	3.24	100	31417	3.1417
6	113	⋮	200	125629	3.140725
7	149	⋮	300	282697	3.14107
8	197	⋮			

表 4.2: 大きな r における格子点の数.

$r = \sqrt{n}$	$N(n)$	$N(n)/n$
400	502 625	3.14141...
500	785 349	3.14139...
1 000	3 141 549	3.141549...
10 000	314 159 221	3.141592...
100 000	31 415 939 281	3.141594...
200 000	125 663 759 077	3.141594...

再び，ガウスの結果と同様に，数値的な証拠は強力に示唆に富んでいる．表 4.2 は，n が ∞ に近づくにつれ，比 $\dfrac{N(n)}{n}$ が π に近づくという推測をさらに裏付ける．記号を用いて述べると，与えられた n が十分大きいとき，数量

$$\left|\frac{N(n)}{n} - \pi\right| \tag{4.1}$$

は望むだけ小さくなることを意味している．

幾何学は，比 $\dfrac{N(n)}{n}$ の振る舞いをもっと明らかに理解することへの助けとなる．(4.1) に n を掛けて新しい数量

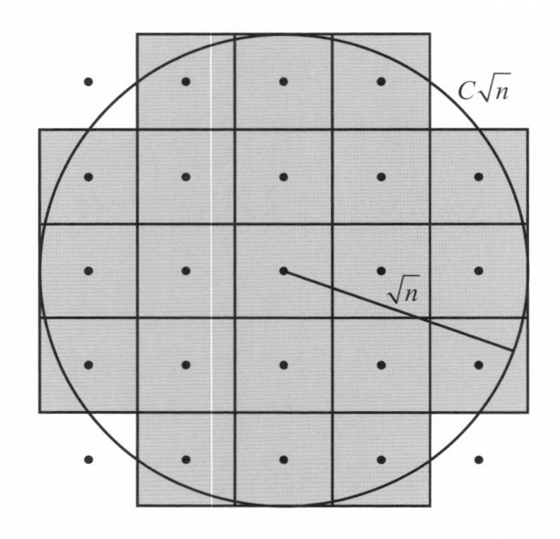

図 4.1: 円 $C(\sqrt{n})$ の内側と円周上に中心を持つ単位正方形.

$$|N(n) - n\pi|$$

を得るが，これはよく知っている成分を含む．$n\pi$ は半径 $\sqrt{n}$ の円の面積だとわかる．この手がかりは，ガウスの問題へ幾何学的に接近する方法を示唆している．

任意の半径 $r = \sqrt{n}$ の円 $C(\sqrt{n})$ の内側と円周上にある格子点の個数 $N(n)$ を試算したい．まず，そのような円を描き，基本点格子 Λ の原点 $(0, 0)$ を中心に置く．ここで，図 4.1 に見るように，Λ の格子点それぞれを，座標軸に平行な辺を持つ単位正方形の中心とし，$C(\sqrt{n})$ の内側と円周上に中心があるすべての正方形に影を付ける．この影を付けた部分の面積は $N(n)$ に等しい．

しかしながら，影の付いた領域のある部分は円盤 $x^2 + y^2 \leq n$ の外側にあり，また円盤も完全に影が付いているわけではないことが見てとれる．この観察より，影の付いた面積 $N(n)$ を下や上から制限しよう．内部が完全に影の付いた最大の円盤や，外部が完全に影の付いていない最小の円盤は簡単に見つかる．単位正方形の対角線の長さは $\sqrt{2}$ であるから，影の付いた正方形はすべて，半径 $r = \sqrt{n} + \dfrac{\sqrt{2}}{2}$ の円の内側に含まれなければならない．同様に，半径 $r = \sqrt{n} - \dfrac{\sqrt{2}}{2}$ の円は，影の付いた正方形内に完全に含まれる．

よって，

$$\pi\left(n - \sqrt{2n} - \frac{1}{2}\right) \leq \pi\left(n - \sqrt{2n} + \frac{1}{2}\right) = \pi\left(\sqrt{n} - \frac{\sqrt{2}}{2}\right)^2$$
$$\leq N(n) \leq \pi\left(\sqrt{n} + \frac{\sqrt{2}}{2}\right)^2 = \pi\left(n + \sqrt{2n} + \frac{1}{2}\right)$$

となる．この関係は，

$$\left|\frac{N(n)}{n} - \pi\right| \leq \pi\left(\sqrt{\frac{2}{n}} + \frac{1}{2n}\right) \tag{4.2}$$

を示している．右辺の数量は，$n \to \infty$ につれて 0 に近づくので，表 4.1 と表 4.2 が示すように，$\displaystyle\lim_{n\to\infty} \frac{N(n)}{n} = \pi$ が実際に示された．

上の $N(n)$ の試算についての詳細は，ホンスバーガー (Honsberger) [5] に見事に述べられている．

4.2　2 平方数の和

ガウスと彼に続く者たちは，円に関連する格子点の多くの別の側面を研究した．ディクソン (Dickson) の *History of the Theory of Numbers* [2] が明瞭に説明しているように，この題目における冗長で魅力的な論文も書けたであろう．しかしながら，議論を扱いやすいままにするため，ごくわずかの古典的格子点問題を考察し，多くの証明を試みることはしないつもりだ．円と円盤に関連するある種の方程式や不等式の整数解を，格子点がどのようにもたらすかを考察することによって，円内の格子点の考察を続けよう．

まず，いくつかの定義を定める．負でない整数 n を 2 **平方数の和**として表すことができると仮定しよう．言い換えれば，n が $n = p^2 + q^2$ と書けると仮定している．ここで，整数pとqは，正，負，もしくは0である．p^2+q^2の形のn**の表現の数**は，

$$R(n) = R(n = p^2 + q^2)$$

で表記する．そのような表記$n = p^2 + q^2$はそれぞれ，たとえ組(p, q)がそれらの符号や順序だけが異なっていたとしても，**別個**のもの（すなわち，それぞれ別々に数えられる）と考える．このルールに一つの例外を設ける．$0 = 0^2 + 0^2$は一つの表記として数えられる．別個の表記と，それぞれの場合で計算される$R(n)$のいくつかの例をここに示そう．

$$\begin{aligned}
R(0) &= 1, \quad 0 = 0^2 + 0^2 \text{ より}, \\
R(4) &= 4, \quad 4 = (\pm 2)^2 + 0^2 = 0^2 + (\pm 2)^2 \text{ より}, \\
R(8) &= 4, \quad 8 = (\pm 2)^2 + (\pm 2)^2 \text{ より}, \\
R(10) &= 8, \quad 10 = (\pm 1)^2 + (\pm 3)^2 = (\pm 3)^2 + (\pm 1)^2 \text{ より}.
\end{aligned}$$

別個の符号の組$++$，$+-$，$-+$，$--$はもちろん，順序も考慮に入れていることに注意しよう．

ここで，$R(n)$にさらなる値を追加した小さな表を考察しよう．表4.3が示すように，nが増大するにつれて，$R(n)$の値は非常に不規則になる．$R(n)$の値はいくらでも大きくなり得るが，それにもかかわらず，無限に多くのnの値に対して$R(n) = 0$となる．つまり，多くの整数が2平方数の和としての表現をたくさん持つが，一方では，無限に多くの整数がまったくそのような表現を持たないということである．後者の言明は次の節で証明することにしよう．$n \to \infty$につれてこのような不規則な振る舞いをする場合には，数論の研究者はしばしばこれらの数値の関数のある種の「平均」値の見積もりを得ようとする．

そのような平均値は通常の方法，すなわち最初のn個の値を足してnで割ることで求める．明示的に，

$$T(n) = R(0) + R(1) + R(2) + \cdots + R(n)$$

表 4.3: 整数の表現の数 $R(n) = R(n = p^2 + q^2)$.

n	格子点の解 (p, q)	$R(n)$	$T(n)$	$T(n)/n$
0	$(0,0)$	1	1	
1	$(1,0),(-1,0),(0,1),(0,-1)$	4	5	5.00
2	$(1,1),(1,-1),(-1,1),(-1,-1)$	4	9	4.50
$3 = 4 \cdot 0 + 3$		0	9	3.00
$4 = 2^2$	$(2,0),(-2,0),(0,2),(0,-2)$	4	13	3.25
$5 = 4 \cdot 1 + 1$	$(2,1),(-2,1),(2,-1),(-2,-1),$ $(1,2),(-1,2),(1,-2),(-1,-2)$	8	21	4.20
$6 = 2 \cdot (4 \cdot 0 + 3)$		0	21	3.50
$7 = 4 \cdot 1 + 3$		0	21	3.00
$8 = 2^3$	$(2,2),(-2,2),(2,-2),(-2,-2)$	4	25	3.13
$9 = 3^2 = (4 \cdot 0 + 3)^2$	$(3,0),(-3,0),(0,3),(0,-3)$	4	29	3.22
$10 = 2 \cdot (4 \cdot 1 + 1)$	$(\pm 3, \pm 1),(\pm 1, \pm 3)$	8	37	3.70
$11 = 4 \cdot 2 + 3$		0	37	3.36
$12 = 2^2 \cdot (4 \cdot 0 + 3)$		0	37	3.08
$13 = 4 \cdot 3 + 1$	$(\pm 2, \pm 3),(\pm 3, \pm 2)$	8	45	3.46
$14 = 2 \cdot (4 \cdot 1 + 3)$		0	45	3.21
$15 = 5 \cdot (4 \cdot 0 + 3)$		0	45	3.00
$16 = 2^4$	$(\pm 4, 0),(0, \pm 4)$	4	49	3.06
$17 = 4 \cdot 4 + 1$	$(\pm 4, \pm 1),(\pm 1, \pm 4)$	8	57	3.35
$18 = 2 \cdot (4 \cdot 0 + 3)^2$	$(\pm 3, \pm 3)$	4	61	3.39
$19 = 4 \cdot 4 + 3$		0	61	3.21
$20 = 2^2 \cdot (4 \cdot 1 + 1)$	$(\pm 4, \pm 2),(\pm 2, \pm 4)$	8	69	3.45
$21 = (4 \cdot 0 + 3) \cdot$ $(4 \cdot 1 + 3)$		0	69	3.29
$22 = 2 \cdot (2 \cdot 4 + 3)$		0	69	3.13
$23 = 4 \cdot 5 + 3$		0	69	3.00
$24 = 2^3 \cdot (4 \cdot 0 + 3)$		0	69	2.88
$25 = (4 \cdot 1 + 1)^2$	$(\pm 5, 0),(0, \pm 5),(\pm 3, \pm 4),(\pm 4, \pm 3)$	12	81	3.24

と置き，それに伴う平均

$$\frac{T(n)}{n} = \frac{R(0) + R(1) + R(2) + \cdots + R(n)}{n}$$

を考える．この平均値の利用法は間もなくわかる．まず，幾何学的な観点に戻ろう．

円 $C(\sqrt{n})$ は

$$D(\sqrt{n}) : p^2 + q^2 \leq n$$

で定義される円板 $D(\sqrt{n})$ の境界である．$D(\sqrt{n})$ 上の各格子点 (p, q) は，この不等式の整数解を与える．

整数解は何個あるか．表 4.3 を調べることにより，方程式，

$$p^2 + q^2 = 0, \quad p^2 + q^2 = 1, \quad p^2 + q^2 = 2, \quad \ldots, \quad p^2 + q^2 = n$$

の各々の解の個数を数えることができる．それらはそれぞれ，

$$R(0) = 1, \quad R(1) = 4, \quad R(2) = 4, \quad \ldots, \quad R(n)$$

である．したがって，和 $T(n) = R(0) + R(1) + R(2) + \cdots + R(n)$ は，正確に $N(n)$，つまり円 $C(\sqrt{n})$ の内側か円周上の格子点 (p, q) の個数である．例えば表 4.3 より，

$$T(4) = R(0) + R(1) + \cdots + R(4) = 1 + 4 + 4 + 0 + 4 = 13$$

である．図 4.2 に描かれているように，この総合計は円 $C(0)$, $C(\sqrt{1})$, $C(\sqrt{2})$, $C(\sqrt{3})$, $C(\sqrt{4})$ 上の格子点の個数に正確に一致する．

さらに，表 4.3 と表 4.1 を比較すると，$n = 1, 4, 9, 16, 25$ に対して，

$$T(n) = R(0) + R(1) + \cdots + R(n)$$

はそれぞれ，半径 $\sqrt{n} = 1, 2, 3, 4, 5$ に対する各 $N(n)$ に完全に一致することがわかる．最終的に，$T(n) = N(n)$ だから，不等式 (4.2) と 4.1 節の結論から，平均は，

$$n \to \infty \text{ のとき，} \quad \frac{T(n)}{n} = \frac{N(n)}{n} \to \pi$$

となる．しかしながら，この極限の振る舞いは，n が 25 までしか扱っていないので，表 4.3 でははっきりとは見えない．

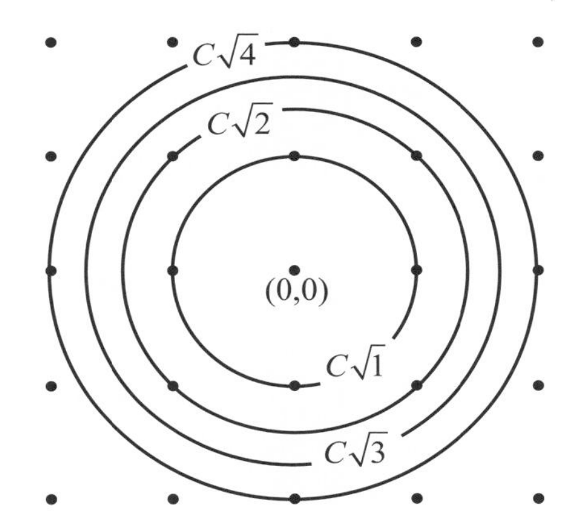

図 4.2: $n = 1, 2, 3, 4$ に対して，半径 $\sqrt{n}$ の円の内側の格子点.

4.3　2平方数の和として表せる数

表 4.3 を根拠として，すべての非負整数 n が $n = p^2 + q^2$ の形に表せるわけではないということがわかる．例えば，$R(3) = 0$ である．図 4.2 の円 $C(\sqrt{3})$ がその上にまったく格子点を持たないことに注意しよう．これらの関連した観察が，二つの重要な問題を提起する．

1. **非負整数を，2 平方数の和として表せるか表せないか特徴付ける方法はあるか.**
2. **n が 2 平方数の和として表せるなら，そのような表記の総数を与える公式は存在するか.**

これらの問題はどちらも非常に古いものである．紀元後 250 年頃に書かれたディオファントスの *Arithmetic*（『算術』）は，これらに取り組んでいるが，著述の意味するところははっきりしない．問題 1 に対する答は，最初にオランダの数学者アルベール・ジラール (Albert Girard; 1595–1632) によって，1625 年に提示された．少し後に，ピエール・ド・フェルマー (Pierre de Fermat; 1601–1665) もまた答を出したが，証明はない（もちろん，フェルマーの名声によって，その推論の正当性は誰も疑う余地のないものであった）．最初に知られた証明は，レオンハルト・オイラー (Leonhard Euler; 1707–1783) によって，1749年に公表された．

ある形の整数が2平方数の和として表すことができないことを示すのは容易である．先にあげた例 $R(3) = 0$ に加えて，表4.3は $n = 7, 11, 15, 19, 23$ に対して，$R(n) = 0$ を示している．これらの特別な整数は，すべて $4k + 3$ という形で書くことができるという共通の性質を持っている．実際，この性質は，次の定理が示すように極めて重要である．

定理 4.1　整数 p, q に対して，和 $p^2 + q^2$ として表される $4k + 3$ $(k = 0, 1, 2, \ldots)$ の形の整数はない．

証明　p が偶数（$p = 2h$ とする）ならば，$p^2 = 4h^2$ は4で割り切れる．しかし，p が奇数（$p = 2h + 1$ とする）ならば，

$$p^2 = (2h + 1)^2 = 4h^2 + 4h + 1 = 4(h^2 + h) + 1$$

となり，p^2 を4で割ると1余る．したがって，和 $p^2 + q^2$ を4で割った余りは次の場合がある．

1. 余りがない（p と q がともに偶数のとき）．
2. 余りが1（一方が偶数で，他方が奇数のとき）．
3. 余りが2（ともに奇数のとき）．

$p^2 + q^2$ を4で割って3余る場合はない．そのため，$4k + 3$ の形をした整数は2平方数の和として表されることはない．■

定理4.1は，表4.3の $R(n)$ の値がどんなに大きな値になっても，四つごとに何故0になるかを示している．しかし，他にも多くの0があるのは何故だろうか？　どの数が平方数の和として表されるか，もしくはそうでないかについて，いくつかの定理をもっと念入りに調べることにより見出そう．

素因数分解の一意性から始めよう．素因数分解の一意性の証明は，ニーヴェン (Niven) [7] を参照せよ．この定理は，すべての正の整数 $n > 1$ はいわゆる**標準形**

$$n = 2^{\beta} p_1^{\alpha_1} p_2^{\alpha_2} \cdots p_s^{\alpha_s}$$

としてただ一通りに表されるというものである．ここで，$p_1, p_2, \ldots, p_s$ は異なる奇素数，指数 $\alpha_1, \alpha_2, \ldots, \alpha_s$ は0ではないものとする．n が奇数なら $\beta = 0$ であり，そうでない β は n を割る2の最大のべきである．そのように表される n について，次の重要な定理を述べることができる．

定理 4.2　n が標準形で表されるとき，$4k+3$ の形の素因数がすべて偶数の指数を持つときに，そしてそのときに限り，正の整数 n は2平方数の和となる．

例えば，正の整数3, 6, 7, 11, 12, 14, 15, 19, 21, 22, 23, 24は2平方数の和とはならないが，9と18はそう表すことができる．

定理4.2の証明は易しくないので，ここではしない．興味を持つ読者は，ハーディ＆ライト (Hardy and Wright) [4] を参照するとよい．しかしながら，そのやり方の雰囲気をつかむために，定理4.2の証明から重要な要素を一つ引き抜くことができる．この要素は，レオナルド・フィボナッチ (Leonardo Fibonacci; 1170頃–1250頃）によって知られている恒等式

$$(a^2 + b^2)(c^2 + d^2) = (ac + bd)^2 + (ad - bc)^2 \tag{4.3}$$

である．彼は1202年に書かれた *Liber Abaci*（『算盤の書』）という著書の中でこれを与えている．この恒等式は，2整数の各々が2平方数の和であるとき，これらの積も2平方数の和となることを示している．

次の例は，定理4.2の証明で，この恒等式がどのように使われているかを説明する．表4.3によると，

$$4 = 2^2 = (\pm 2)^2 + 0^2 = 0^2 + (\pm 2)^2,$$

$$9 = 3^2 = (\pm 3)^2 + 0^2 = 0^2 + (\pm 3)^2$$

であることがわかる．$a = 2,\ b = 0,\ c = 3,\ d = 0$ と置いて恒等式を用いると，

$$4 \cdot 9 = 36 = (2 \cdot 3 + 0 \cdot 0)^2 + (2 \cdot 0 - 0 \cdot 3)^2 = 6^2 + 0^2$$

となる．こうして，36を2平方数の和として表すことができた．他の表記もすべて，4と9の表記における異なる順番や符号を組み合わせることによっ

て，同様に得られる．また同様に，

$$18 = 2 \cdot 3^2 = (1^2 + 1^2)(3^2 + 0^2) = 3^2 + 3^2$$

は，18の2平方数の和としての表記を与えている．

実際，$4k+1$の形の素数を2平方数の和として書くことができることが示されたとしよう．そのとき，(4.3) より，そのような素数の積もまた2平方数の和として表すことができる．完全平方数が掛けられた2平方数の和は，また2平方数の和として表すことができる．偶数の指数を持つ素因数の積は完全平方数であるので，このことは定理4.2で述べられた条件が満たされることを示している．

4.3 節の問題

1. 定理4.2が成り立つならば，定理4.1も成り立つことを示せ．
2. 二つの複素数の積の絶対値はそれらの絶対値の積に等しい．この事実を使って，恒等式 (4.3) を導け．

4.4　2平方数の和による素数の表記

定理4.2から学んだように，ある素数は2平方数の和として書くことができる．有名で奥深い定理が，その書かれ方が何種類あるかを示している．

定理 4.3　$l = 4k+1$の形のすべての素数は，和$p^2 + q^2 = l$として書くことができて，そして，整数pとq（ここで，$0 < p < q$）のただ一通りの組がこの表記を与える．

条件$0 < p < q$は，単に順番と符号を無視することを意味している．そのようにすると，表4.3の表記では，$4k+1$が素数であるときはいつでも$R(4k+1) = 8$という値で，それぞれの配列

$$(p,q),\ (-p,q),\ (p,-q),\ (-p,-q),\ (q,p),\ (-q,p),\ (q,-p),\ (-q,-p)$$

をただ1個と数えることによって，そのような組p,qが説明できる．

定理4.3は，長い歴史を持っている[1, 2, 8]．フェルマーは，ディオファントスの著書の擦り切れたコピーの余白にそれを記し，そしてまた，偉大な素数の研究者である修道士マラン・メルセンヌ (Marin Mersenne; 1588–1648) に宛てた，数学的なクリスマスの挨拶として，1640年12月25日付けの手紙の中にも述べている．すでに述べたように，最初に公表された証明はオイラーによる．別の証明は，合同式の単純な理論を使用しているものだが，ノルウェーの数学者アクセル・トゥエ (Axel Thue; 1863–1922) による．彼はディオファントス方程式の現代的な理論に重要な貢献をした人である．

定理4.3は，その表記がただ一通りで書かれることを述べている．この一意性の主張はどこから来るのか？　それは奇数の整数が二つの異なる方法で2平方数の和として表されるならば，それは素因数分解されて，それにより素数ではあり得ないというオイラーの見解によるものである．ここにオイラーの証明を述べよう．

オイラーの証明　素数$l = 4k+1$が和$l = a^2+b^2$と$l = c^2+d^2$の二通りの異なる形で表されるとする．ここで，a, cを奇数，b, dを偶数とし，$a, b, c, d > 0$とする．二通りの表現はlが素因数分解できることを導き，lが素数であるという仮定に反することを示そう．

$l = a^2+b^2 = c^2+d^2$とすると，

$$(a-c)(a+c) = (d+b)(d-b) \tag{4.4}$$

と因数分解できる．ここで，$a \neq c,\, b \neq d$だから，等式(4.4)において0となる因子はない．$k = \text{g.c.d.}(a-c, b-d)$とおいて，

$$a-c = ks,\ b-d = kt \quad \text{g.c.d.}(s,t) = 1$$

とする．$a-c$と$b-d$はともに偶数だから，明らかに両辺は2で割り切れる．ゆえに，2はkの因子であり，kは偶数でなければならない．

(4.4)に代入して，$ks(a+c) = kt(b+d)$，すなわち

$$s(a+c) = t(b+d) \tag{4.5}$$

を得る．$\text{g.c.d.}(s,t) = 1$より，$t|(a+c)$, $s|(b+d)$でなければならない．すると，(4.5)から，

$$\frac{a+c}{t} = \frac{b+d}{s} = n$$

と置けることがわかる．ゆえに，

$$\begin{aligned} a + c &= nt, \\ b + d &= ns \end{aligned} \tag{4.6}$$

となる．明らかに，n は $(a+c)$ と $(b+d)$ の公約数であり，それゆえに $n|(a+c, b+d)$ となる．

$n = (a+c, b+d)$ を主張する．というのは，

$$nr = (a+c, b+d)$$

と仮定する．そのとき，整数 j_1 と j_2 が存在して，

$$nrj_1 = a+c, \quad nrj_2 = b+d$$

となる．これらの等式を (4.6) に代入すると，

$$nrj_1 = nt, \quad nrj_2 = ns,$$

すなわち

$$rj_1 = t, \quad rj_2 = s$$

がわかる．しかし，これは $r|\,\mathrm{g.c.d.}(s,t) = 1$ を意味するので，$r = 1$ となる．したがって，$n = \mathrm{g.c.d.}(a+c, b+d)$ が成り立つ．そして，$a+c$ と $b+d$ はともに偶数だから，n もまた偶数である．

さて，k と n が偶数であるという事実を用いると，l を

$$l = \left[\left(\frac{k}{2}\right)^2 + \left(\frac{n}{2}\right)^2\right](s^2+t^2)$$

の形の整数の積として因数分解することができる．ここで，k, n, s, t はどれも 0 ではないので，どちらの因子も 1 ではない．

この因数分解を確めるには，右辺を展開すればよく，

$$\begin{aligned}&\frac{1}{4}[(kt)^2+(ks)^2+(nt)^2+(ns)^2]\\&\quad=\frac{1}{4}[(d-b)^2+(a-c)^2+(a+c)^2+(d+b)^2]\\&\quad=\frac{1}{4}[2(a^2+b^2)+2(c^2+d^2)]\\&\quad=\frac{1}{4}[2l+2l]\\&\quad=l\end{aligned}$$

を得る．これは，l が素数であるという仮定に反する．よって，定理 4.3 は証明された．■

4.5　$R(n)$ に対する公式

4.3 節の最初に次のような問題を提起した．

n が 2 平方数の和として表せるなら，そのような表記の総数を与える公式は存在するか．

要するに，$R(n) = R(n = p^2 + q^2)$ の公式は存在するか．

この問題は，アドリアン・マリ・ルジャンドル (Adrien Marie Legendre; 1752–1833) が次の定理によって解決した．ここでは，差 $u - v$ が m で割り切れることを意味する記法 $u \equiv v \pmod{m}$ を含む現代的な用語を用いて述べてみよう．

定理 4.4　整数 $n \geq 1$ が，$\alpha_i \equiv 1 \pmod{4}$ であるような A 個の約数 $\alpha_1, \alpha_2, \ldots, \alpha_A$，および $\beta_j \equiv -1 \pmod{4}$ であるような B 個の約数 $\beta_1, \beta_2, \ldots, \beta_B$ を持つと仮定する．そのとき $R(n) = 4(A - B)$ となる．

単に素数だけでなく，すべての約数について述べていることに注意すること．例えば表 4.4 を調べよ．

定理 4.4 の証明に興味のある読者は，本節の最後にある演習問題の一式を

表4.4: 定理4.4を説明する例.

n	$R(n)$	nの除数	A^a	B^b	$4(A-B)$
2	4	$1,2$	1	0	$4(1)=4$
5	8	$1,5$	2	0	$4(2)=8$
7	0	$1,7$	1	1	$4(0)=0$
65	16	$1,5,13,65$	4	0	$4(4)=16$
200	12	$1,2,4,5,8,10,20,$			
		$25,40,50,100,200$	3	0	$4(3)=12$

[a] 除数の数 $\equiv 1 \pmod 4$.

[b] 除数の数 $\equiv -1 \pmod 4$.

参照するとよい．それにはヤコビの1834年の証明の概略が含まれている．

さて，前の問題を詳しく述べて，

和 $\boldsymbol{T(n) = R(0) + R(1) + \cdots + R(n)}$ の値を求めるための公式は存在するか.

という問題を考えよう．この第二の問題に対する答は，死後に公表されたガウスによる原稿[3]に由来する．彼はこの和の正確な値が

$$T(n) = 1 + 4\left\{\left[\frac{n}{1}\right] - \left[\frac{n}{3}\right] + \left[\frac{n}{5}\right] - \left[\frac{n}{7}\right] + \cdots\right\} \tag{4.7}$$

によって与えられることを証明した．ここで，$[t]$ は第2章で用いられたもので，t 以下の最大の整数を表している．特に，$2k+1 > n$ のとき，$\left[\dfrac{n}{2k+1}\right] = 0$ であることに注意しよう．

明らかに，n の大きな値に対しては，公式(4.7)は実用的でない．もっと有能な公式は

$$T(n) = 1 + 4\sum_{k=0}^{[\sqrt{n}]}\left[\sqrt{n-k^2}\right] \tag{4.8}$$

である．例えば，(4.8)を用いると，

$$T(100) = 1 + 4\Big\{\Big[\sqrt{100}\Big] + \Big[\sqrt{99}\Big] + \Big[\sqrt{96}\Big] + \Big[\sqrt{91}\Big] + \Big[\sqrt{84}\Big] + \Big[\sqrt{75}\Big] + \Big[\sqrt{64}\Big] + \Big[\sqrt{51}\Big] + \Big[\sqrt{36}\Big] + \Big[\sqrt{19}\Big]\Big\}$$

$$= 1 + 4(10 + 9 + 9 + 9 + 9 + 8 + 8 + 7 + 6 + 4) = 317$$

を見出すことができる．シェルピンスキー (Sierpinski) [9] は，公式 (4.8) の証明を与えており，ガウスの公式 (4.7) との関連を示している．二つの公式の同値性は，ジョゼフ・リウヴィル (Joseph Liouville; 1809–1882) の名にちなんで**リウヴィルの恒等式**として知られている．

4.5 節の問題

1. $n = 4k + 6$ ならば $R(n) = 0$ であることは正しいか？　もしそうでなければ反例を挙げよ．
2. $n = 12k + 9$ で，3 が k を割りきらないならば，$R(n) = 0$ であることを証明せよ．
3. $R(1225) = R(5^2 \cdot 7^2)$ の値を求めよ．
4. $T(1225)$ の値を求めよ．
5. 方程式 $n = p^2 + q^2$（または，$n - p^2 = q^2$）の解 p, q を計算するには，p に $p = 0, 1, 2, 3, \ldots$ を，絶対値が $\sqrt{n}$ 以下になるまで代入して，差 $n - p^2$ が平方数になるかどうかを調べれば十分である．任意に固定した n に対して，数列 $n - 0^2, n - 1^2, n - 2^2, \ldots$ の連続する項の差が連続する奇数の列 1, $3, 5, \ldots$ になることを示せ．
6. $R(5)$, $R(10)$, $R(25)$ の値を計算するために，問題 5 の考え方を使え．
7. **(選択問題)** 1834 年に，カール・グスタフ・ヤコブ・ヤコビ (Karl Gustav Jacob Jacobi; 1804–1851) は定理 4.4 の公式 $R(n) = 4(A - B)$ を証明した．彼の証明は，彼の楕円関数の深遠な研究から得られた恒等式に基づくもので，簡単なものではなかった．ここで，その概略を軽く説明しておこう．

ヤコビによる証明　ヤコビは恒等式

$$(1 + 2x + 2x^4 + 2x^9 + 2x^{16} + \cdots)^2$$
$$= 1 + 4\left(\frac{x}{1-x} - \frac{x^3}{1-x^3} + \frac{x^5}{1-x^5} - \cdots\right)$$

を証明した．初等代数の規則によって，この恒等式の左辺を2乗すると，べき級数

$$1 + a_1x + a_2x^2 + a_3x^3 + \cdots + a_nx^n + \cdots$$

の形に変形できる項が現れ，それにより $a_n = R(n)$ となる．同様にして，右辺が展開されて，

$$1 + b_1x + b_2x^2 + b_3x^3 + \cdots$$

の形で表されたとすると，$b_n = 4(A - B)$ となる．最終的に，これらの展開式の両辺の，同じ x のべきを持つ係数を比較することにより，$R(n) = 4(A - B)$ を得る．■

$a_1, a_2, \ldots, a_5$ と $b_1, b_2, \ldots, b_5$ を使って，$R(n) = 4(A - B)$ のヤコビの証明を試みよ．

$$\frac{x}{1-x} = x + x^2 + x^3 + \cdots,$$
$$\frac{x^2}{1-x^2} = x^2 + x^4 + x^6 + \cdots$$

などに注意すること．

引用文献

1. L. E. Dickson, "Methods of Factoring," *History of the Theory of Numbers, Vol. I: Divisibility and Primality* の第14章 (Washington, D.C.: Carnegie Institute, 1919), 360.
2. ________, "Sum of Two Squares," *History of the Theory of Numbers, Vol. II: Diophantine Analysis* の第6章 (Washington, D.C.: Carnegie Institute, 1920), 225.

3. C. F. Gauss, *Werke* (Göttingen: Gesellschaft der Wissenschaften, 1863–1933).
4. G. H. Hardy and E. M. Wright, *An Introduction to the Theory of Numbers*, 5th ed. の第 10 章, 定理 366 (Oxford: Oxford University Press, 1983).
5. Ross Honsberger, "Writing a Number as a Sum of Two Squares," *Ingenuity in Mathematics* のエッセイ 8, New Mathematical Library Series, Vol. 23 (New York: Random House, 1970), 61–66.
6. H. L. Mitchell III, *Numerical Experiments on the Number of Lattice Points in the Circle* (Stanford, CA: Stanford University, Applied Mathematics and Statistics Labs, 1961).
7. Ivan Niven, *Numbers: Rational and Irrational* の附録 B, New Mathematical Library Series, Vol. 1 (New York and Toronto: Random House, 1961).
8. Oystein Ore, *Number Theory and Its History* (New York: McGraw-Hill, 1948; reprinted with supplement, New York: Dover, 1988).
9. W. Sierpinski, *Elementary Theory of Numbers*, 2nd ed., Andrzej Schinzel, ed., North-Holland Mathematical Library, Vol. 31 (Amsterdam and New York: North-Holland; Warsaw: Polish Scientific Publishers, 1988).

第 II 部

数の幾何学入門

第5章
ミンコフスキーの基本定理

5.1　ミンコフスキーの幾何学的アプローチ

1.1 節で述べたように，**数の幾何学**はヘルマン・ミンコフスキーの仕事に由来する数論の重要な1分野である．附録 III に，この偉大な数学者の小伝がある．

数の幾何学は，いろいろな種類の不等式が整数解を持つかどうかを決定する問題と関連している．整数解を求める不等式は，**ディオファントス不等式**と呼ばれる．ミンコフスキー以前にも，シャルル・エルミート (Charles Hermite; 1822–1901) は，代数的方法によって，ディオファントス不等式の解に関する多くの普遍的な定理を証明しており，その最も重要なものは，1845 年頃に書かれた手紙で，カール・ヤコビとやりとりしていた．エルミートと同じように，ミンコフスキーもそのような問題に関心を持っていたが，彼は彼以前に取り組んでいた誰ともまったく違ったやり方でこれらに取り組んだ．

ミンコフスキーのやり方は，幾何学的な観点からのものであった．彼は平面上のある領域が格子点を含むという単純な幾何学的条件を明らかにした．彼はまた彼の結果を n 次元空間に一般化し，エルミートの代数的な結果の新しく，より簡単な証明を成し遂げた．1890 年頃，ミンコフスキーがエルミートにこれらの成果を知らせる手紙を書き送ったところ，エルミートはミンコフスキーの発見に大きな関心を示した．

この新しい研究分野を**数の幾何学**と命名したのはミンコフスキーであっ

た．この主題に関する彼の解説は，2冊の書物，*Geometrie der Zahlen*（『数の幾何学』，1896）[6] と *Diophantische Approximationen*（『ディオファントス近似』，1907）[7] にあり，後者はより読みやすいものである．現代的で奥深く，そして力強い説明は，キャッセルズ (Cassels) [1] を参照せよ．

ここに，これらの偉大な数学者を魅了した問題の類型の例を紹介しよう．

与えられた実数 $\boldsymbol{\alpha}$ に対して，$\left|\boldsymbol{\alpha - \frac{n}{m}}\right| \leq \boldsymbol{\frac{1}{2m}}$ となる整数 $\boldsymbol{m}$ と $\boldsymbol{n}$ $(\boldsymbol{m \neq 0})$ は存在するか？

この問題に答える一つの方法は，任意の整数 $m > 1$ を考え，$m\alpha$ に最も近い整数となるように n をとることである．

$$|\alpha m - n| \leq \frac{1}{2}$$

がわかっているので，

$$\left|\alpha - \frac{n}{m}\right| \leq \frac{1}{2m}$$

となる．このようにして，無限に多くの整数 m, n の組が実際この不等式を満たす．より大きな m をとると，より良い近似が得られるであろう．その上に，もし α が無理数なら，等号のない不等式として成り立つ．何故か．そのとき αm もまた無理数であるので，整数から正確に $\frac{1}{2}$ だけ離れていることはないからである．

ミンコフスキーの観点をとり入れて，この事実を幾何学的に述べることができる．

直線 $\boldsymbol{\alpha x - y = \frac{1}{2}}$ と $\boldsymbol{\alpha x - y = -\frac{1}{2}}$ によって囲まれた帯状領域は，無数に多くの格子点を含む．

この帯状領域は，極めて狭いかもしれないが，結果は正しい．そしてこの事実は驚くべきことではない．1.6節で学んだように，原点に関して対称な任意の長方形は，その面積が4を超えていれば，$(0, 0)$ 以外の格子点を含むからである．

与えられた実数 α のより良い有理近似が欲しいと仮定しよう．（もしあれば）どの特別な整数値 m に対しても，αm は整数 n に特別に近くなるだろうか．第6章で，実際に，無限に多くの整数 m, n $(m \neq 0)$ に対して，差 $\alpha - \dfrac{n}{m}$ が不等式

$$\left|\alpha - \frac{n}{m}\right| < \frac{1}{2m^2} \tag{5.1}$$

を満たすことを示そう．幾何学的な解釈は，問題2を見よ．

5.1 節の問題

1. 直線 $y - \alpha x = \dfrac{1}{2}$ と $y - \alpha x = -\dfrac{1}{2}$ によって囲まれた帯状領域を考えよ．
   a. それが原点に関して対称であることを示せ．
   b. その幅を α の関数として表せ．
   c. 帯状領域から直線 $x + \alpha y = k$ と $x + \alpha y = -k$ が，その内部か境界上に $(0, 0)$ 以外の格子点を含む最小の長方形を切り取るような定数 k を，α の関数として見出せ．
   d. $\alpha = \sqrt{3}$ の場合に，(b) と (c) に答えよ．
2. 不等式 (5.1) に $2m^2$ を掛けると，

$$-1 < 2\alpha m^2 - 2mn < 1 \tag{5.1$'$}$$

   を得る．与えられた α に対して，(5.1) を満たすような無限に多くの整数 m, n が存在する．この主張は，条件 (5.1$'$) で表された領域 S が無限に多くの格子点を含むということに同値である．
   a. S が原点に関して対称であることを示せ．
   b. S が漸近線として $x = 0$, $y - \alpha x = 0$ を持つ二つの共役な双曲線の間にある領域であることを確かめよ．

5.2 ミンコフスキーの M 集合

ミンコフスキーは，**M 集合**と呼ぶ平面上の重要な図形を導入した．M 集合の正確な形は解かれるべき個々の問題に依存するが，次の二つの性質がともに要求される．

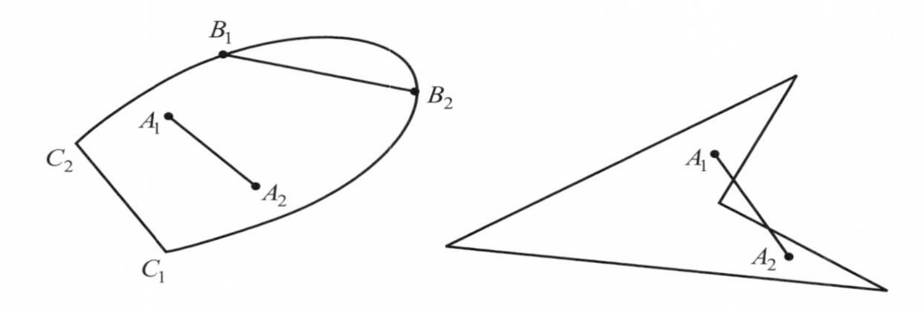

図 5.1: 左：凸集合．右：凸でない集合．

性質 1　M 集合は凸である．

点集合が**凸**であるとは，その中の任意の 2 点を結ぶ線分上のすべての点を，その集合が含むものであることをいう．図 5.1 を参照せよ．

時には，ミンコフスキーは凸性の第二の定義，すなわち M 集合が凸であるとは，M の境界上の任意の点 P を通る直線 ℓ を，その一方の側に M の全体が存在するように描くことができるという定義を使った．

性質 2　M 集合は 1 点 O に関して対称である．

すなわち，P が集合の点ならば，P と O を通る直線上にあり，$|\overline{P'O}| = |\overline{OP}|$ であるような点 P' もまた，集合に属するということである．

点 O は**対称性の中心**と呼ばれる．便宜上，図 5.2 のように，原点 $(0,0)$ を M 集合の中心にとることが多い．

性質 (2) の帰結として，座標 (a,b) の点を含むそのような集合はいつでも，座標 $(-a,-b)$ の点も含む．明らかに，原点は対称な 2 点を結ぶ線分 $\overline{AA'}$ を二等分する．

中心 $(0,0)$ を持つ M 集合を**拡大**したり**縮小**したりすることは容易である．単に集合の各点 (x,y) を点 (tx,ty) に写像すればよい．ここで，t は実数である．この大きさの変更によって，同様に原点に関して対称である，相似な M 集合が得られる．図 5.3 を参照せよ．

今までのところ，平面上のモデルのみを考えてきたが，M 集合の定義を，3 次元やもっと高次元の空間へ一般化できることは明らかであろう．例え

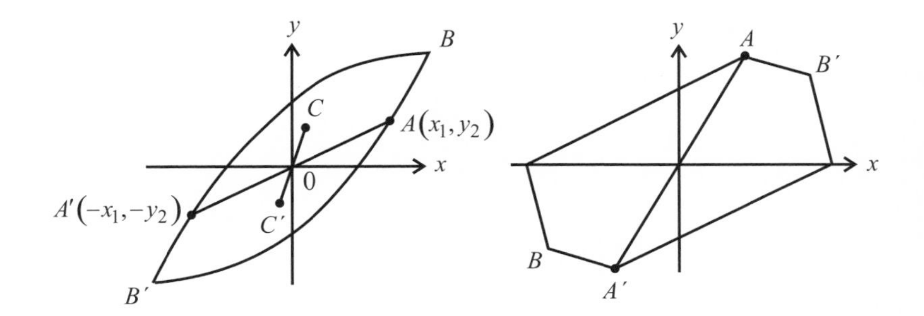

図 5.2: 原点 (0, 0) を中心とした二つの M 集合.

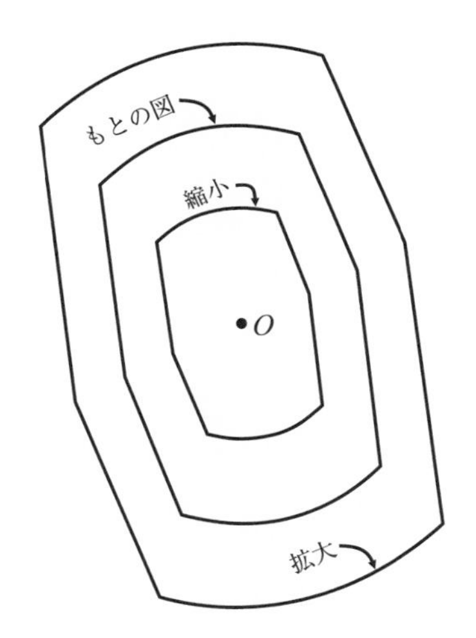

図 5.3: 拡大は対称性を保持する.

ば，原点を中心に持つ立方体，球，楕円体はすべて，3 次元空間の M 集合である．しかしながら，平面におけるミンコフスキーの概念を習得するまで，高次元のもっと難しい考察は保留しておくことにしよう．凸な図形や多面体についての優れた参考文献については，リュステルニク (Lyusternik) [5] を参照せよ．

5.2 節の問題

1. 凸集合 Q が，同一直線上にない3点 A, B, C を含む．そのとき，三角形 ABC のすべてを Q が含むことを証明せよ．
2. ミンコフスキーは，凸多角形 Q が有限個の中心対称な多角形に分解されるなら，Q は中心対称であることを証明した．
   a. この定理を説明する図を描け．
   b. “凸” という言葉を省くとどんなことが起こるか．説明せよ．
3. 平面における二つの凸な点集合の共通部分は，凸であることを証明せよ．

5.3　ミンコフスキーの基本定理

さて，数の幾何学における基本定理を述べて証明しよう．

定理 5.1（ミンコフスキーの基本定理）　C を，原点 O を中心とし，面積が4以上の，2次元の M 集合とする．そのとき，C は内部または境界上に O 以外の Λ の格子点を含む．

証明　中心が $(0,0)$ で面積が $A>4$ である M 集合 C を考える．C のすべての点 (x,y) を点 $\left(\frac{x}{2}, \frac{y}{2}\right)$ に写像することによって C を縮小する．図5.4を参照せよ．この縮小によって，C に相似な M 集合 C' が得られ，C' 内の線分の長さは，対応する C 内の線分の長さのちょうど $\frac{1}{2}$ である．だから C' の面積 A' は，

$$A' = \left(\frac{1}{2}\right)^2 A = \frac{1}{4}A$$

となり，$A>4$ より $A'>1$ である．

次に Λ のすべての格子点上に C' の複製を置く．言い換えれば，M 集合 C' を，原点から整数座標 (p,q) であるすべての点に**平行移動**する．そうすると，(x', y') が C' の点であれば，$(x'+p, y'+q)$ は，中心が (p,q) となるように C' を平行移動した複製における対応する点である．

図5.5でこれらの平行移動を考察せよ．

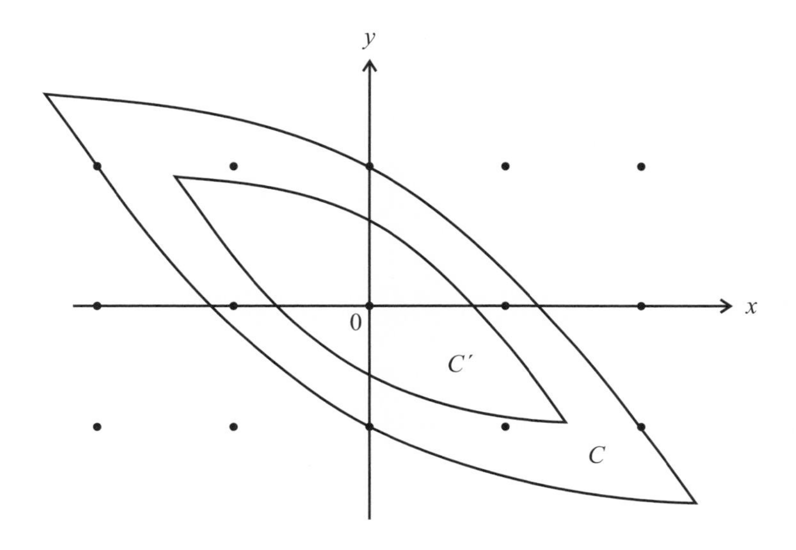

図 5.4: C' に縮小された M 集合 C.

それらは重なって見えているだろうか？　平面上のいくつかの点は平行移動した複製の一つ以上に属しているように見えるだろうか？

これらの平行移動した複製が確かに重なっており，結果として元の M 集合 C が，原点以外の格子点を含んでいなければならないことを示そう．

図 5.5 において，頂点を $(0,0)$, $(n,0)$, (n,n), $(0,n)$ とする正方形を考えることから始めよう．ここで，n はある正の整数とする．正方形はその内部および境界上に $(n+1)^2$ 個の格子点を持つ．これらの格子点を中心とする C' の $(n+1)^2$ 個の複製の面積の和は $(n+1)^2A'$ である．

s を，中心 $(0,0)$ から C' の任意の点までの最大距離とする．このときこれら $(n+1)^2$ 個の M 集合すべては，1 辺が $n+2s$ でその面積が $(n+2s)^2$ の正方形の中に含まれる．再び図 5.5 を参照せよ．これから示すように，C' の $(n+1)^2$ 個の複製の面積の和は，これらを含む正方形の面積を超える．すなわち

$$(n+1)^2A' > (n+2s)^2 \tag{5.2}$$

を示す．このことより，複製が重なっていなければならないと結論付けよう．

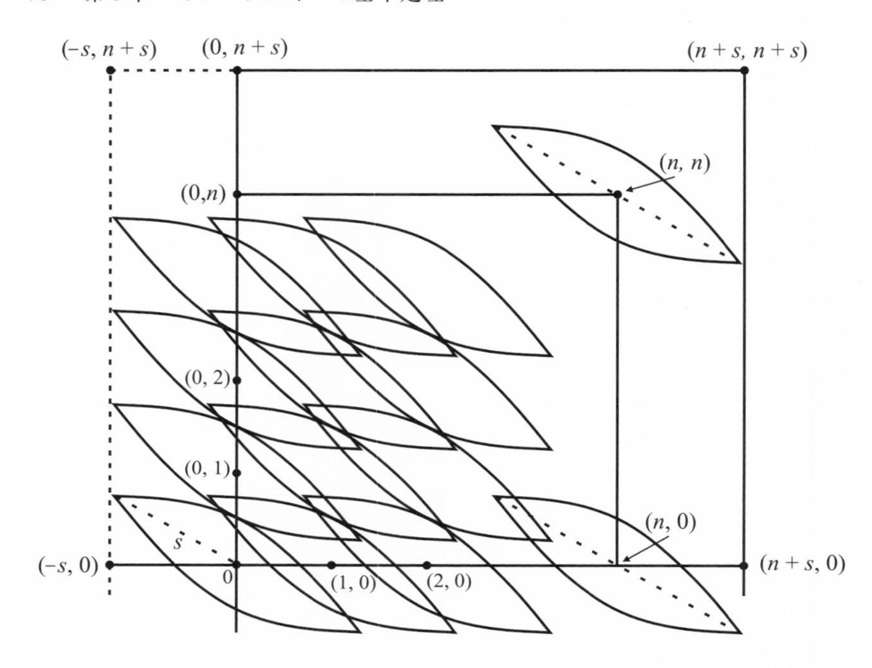

図 5.5: C' を平行移動した複製が重なっている.

不等式 (5.2) を証明するために，両辺から $(n+2s)^2$ を引いた不等式

$$(n+1)^2A' - (n+2s)^2 = (A'-1)n^2 + 2n(A'-2s) + A' - 4s^2 > 0 \quad (5.3)$$

を証明しよう．$A' > 1$ だから，n についての 2 次式の最高次の係数は正で，それゆえに (5.3) 式全体は十分大きな n に対して正である．(5.3) が正となるほど大きな n を選べば，$(n+1)^2A' > (n+2s)^2$ となり，C' の複製は正方形の中で重なっている．

何故 C' のすべての複製が他のいくつかの複製と共通の点を持つかわかるだろうか？　図 5.6 のように，中心が (p_1, q_1) と (p_2, q_2) である，重なり合う二つの集合を考えよう．任意の格子点 (p_0, q_0) を中心に持つ第三の複製は $(p_0 + p_2 - p_1, q_0 + q_2 - q_1)$ を中心に持つ第四の複製と共通の点を持たなければならない．特に，$(0, 0)$ を中心に持つ C' 自身は，(p, q) を中心に持つ複製 C'' と共通の点を持つ．ここで，$p = p_2 - p_1$, $q = q_2 - q_1$ である．図 5.7 を

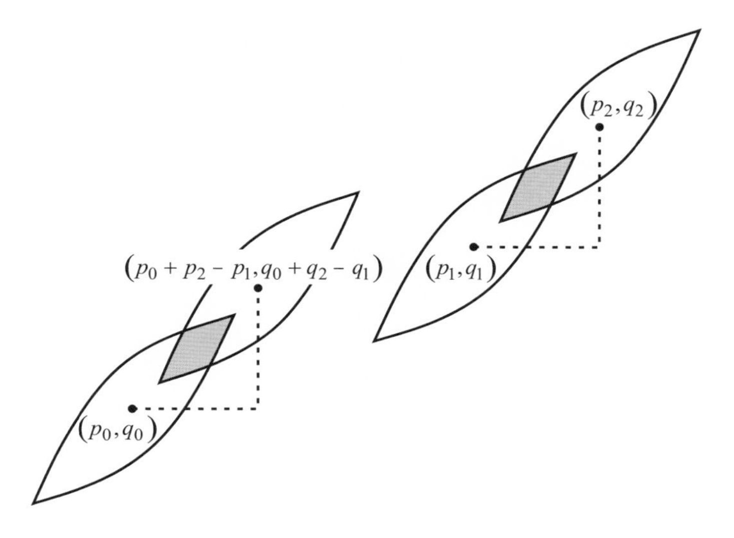

図 5.6: 重なり合う集合の平行移動.

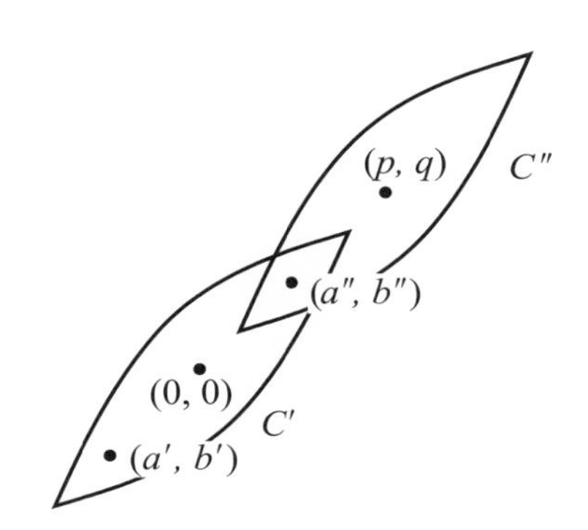

図 5.7: C' とその複製 C'' の共通の点.

参照せよ．このようにすると，C'' のどの点 (x'', y'') も

$$x'' = x' + p, \quad y'' = y' + q$$

と書かれるであろう．ここで，(x', y') は C' の対応する点である．ゆえに，二つの複製が重なるなら，すべての複製は，他の複製と少なくとも一つ重な

らなければならない．

ここで，C' と C'' のどちらにも含まれる任意の点 (a'', b'') を考える．

$$a'' = a' + p, \quad b'' = b' + q \tag{5.4}$$

となるような点 (a', b') が C' 内に存在しなければならない．C' は対称だから，C' はまた点 $(-a', -b')$ も含む．そして，C' は凸だから，C' の任意の2点を結ぶ線分の中点を含む．2点 (a'', b'') と $(-a', -b')$ を結ぶ線分の中点の座標は，

$$\left(\frac{a'' - a'}{2}, \frac{b'' - b'}{2}\right)$$

であり，(5.4) よりこれは $\left(\frac{p}{2}, \frac{q}{2}\right)$ である．それゆえに，C' は点 $\left(\frac{p}{2}, \frac{q}{2}\right)$ を含む．ここで，(p, q) は C'' の中心と関連する整数である．元の M 集合 C は，格子点 (p, q) を含むということになる．

証明は完全だろうか．まだまだだ．何故なら C の面積が4より大きいことを前提としたからである．ところが，定理5.1では，たとえ $A = 4$ であっても C はその内部か境界上に格子点を含むと強く主張している．

そこで，$A = 4$ と置いて，C がその内側か境界上に $(0, 0)$ の他には格子点を持たないと仮定する．そのとき，すべての格子点は，任意の C の点からある正の距離 δ よりも遠くにある．ここで，C をわずかに拡張して，結果として得られる大きくなった M 集合 C^* の点がすべて，最も近い格子点から少なくとも $\frac{\delta}{2}$ 離れているようにする．すると，C^* は4より大きい面積を持つが，いまだに $(0, 0)$ の他には格子点を含まない．しかしながら，これは先ほど得た結果と矛盾する．こうして，C はその内部か境界上に，原点の他に格子点を持たなければならない．これでミンコフスキーの基本定理の証明が完成した．■

以上述べたことは，本質的にミンコフスキー自身の本来の証明の一つである．他の証明もある．コクスマ (Koksma) の文献リスト [4] や，最も興味深い証明の一つとしてハヨーシュ (Hajós) [2] に依るもの，またハーディ & ライト (Hardy and Wright) [3] も参照せよ．モーデル (Mordell) [8] による証明もまた推薦できる．

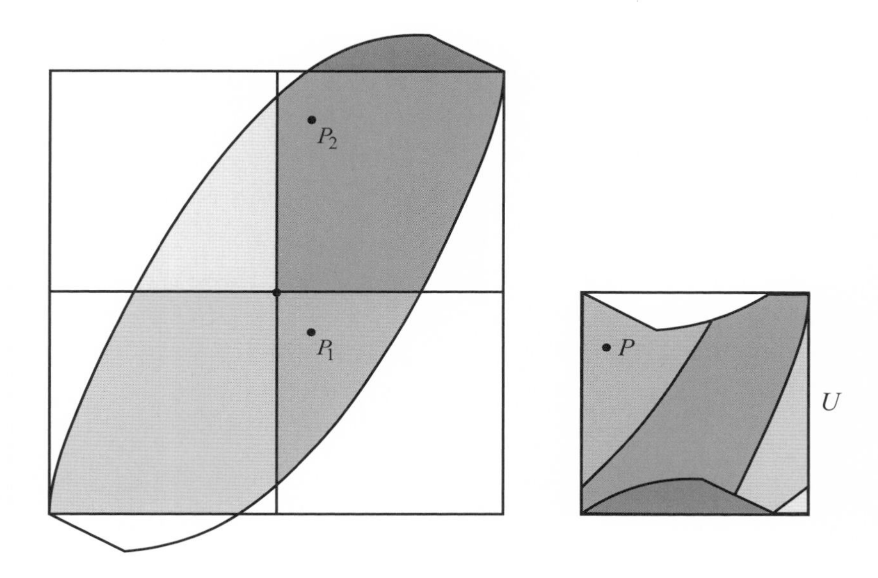

図 5.8: 格子正方形と単位正方形.

5.3 節の問題

1. 面積が 6 の M 集合 C で点 $(0,0)$ から C の点までの最大距離が 5 であるものを考えよ．$(n+1)^2 A' > (n+2s)^2$ であるような最小の正の整数 n を見出せ．ここで，A' と s は本文中で定義されたものである．
2. 直線を使って，$(0,0)$ に関して対称であり，面積 $A > 4$ で，その内側あるいは境界上に $(0,0)$ の他には格子点を持たない，凸でない図を描け．
3. ここに，ブリッヒフェルトによるミンコフスキーの基本定理の別の証明がある．それは，各座標の差が整数であるような 2 点の組によっていることを除けば，我々の証明と似ている．関係式 (5.4) を参照せよ．その代わりに，面積 $A' > 1$ の M 集合 C' を考えよう．これは，図 5.8 に示されているように，格子 L によって細かく切り分けられている．

   各小片を，もともとの格子正方形において占めていたように，単位正方形 U において同じ位置を占めるようなやり方で，U にはめ込む．$A' > 1$ で，一方で U の面積は 1 であるので，C' の小片は，U 内で重なるものもある．D_1, D_2 を U 内で重なる C' の二つの小片とし，P_1，P_2 を D_1, D_2 が U を占めるとき一致する，D_1, D_2 の点とする．

a. P_1 の座標が，P_2 の座標と整数だけ異なることを示すことによって，この証明を完成せよ．

b. $(0,0)$ の他に C の格子点が存在することを証明するために，本文中でしたように，C' の対称性と凸性を用いよ．

4. 研究課題：モーデルによって与えられたミンコフスキーの基本定理の証明を研究せよ．

5.4　[自由選択] n 次元におけるミンコフスキーの定理

ミンコフスキーは定理を平面に限定せず，多くの n 次元空間に一般化した．ここに一つの例を，証明なしで述べる．

定理 5.2 (ミンコフスキーの一般定理)　原点に関して対称で，2^n より大きい体積を持つ，n 次元空間上の任意の凸集合（または凸体）は，$(0,0,\ldots,0)$ の他に，整数値の座標 $(x_1, x_2, \ldots, x_n)$ を持つ点を含む．

任意の対称な凸集合に適用するこの一般形において，数 2^n をもっと小さな数で置き換えることはできない．このことを証明するためには，n 次元空間上の立方体

$$|x_1| < 1,\ |x_2| < 1,\ \ldots,\ |x_n| < 1$$

を考えるだけでよい．この立方体は，明らかに，体積が正確に 2^n である対称性を持つ凸集合であり，原点の他に格子点を含まない．

また，もっと一般的で幾何学的な別の説明を述べることができる．変数 x_1，$x_2, \ldots, x_n$ に，任意の線形変換

$$
\begin{aligned}
y_1 &= \alpha_{11}x_1 + \alpha_{12}x_2 + \cdots + \alpha_{1n}x_n \\
y_2 &= \alpha_{21}x_1 + \alpha_{22}x_2 + \cdots + \alpha_{2n}x_n \\
&\vdots \\
y_n &= \alpha_{n1}x_1 + \alpha_{n2}x_2 + \cdots + \alpha_{nn}x_n
\end{aligned}
$$

を適用することを仮定しよう．ここで，係数 α_{ij} が実数で，係数行列の行列式 Δ が 0 でないことを要求する．これは x 空間を y 空間に写像する**一般アフィン変換**を表している．x 空間上の整数値の座標を持つ点の集まりは，もっと一般的な種類の y 空間上の点の集まりへと変換されており，この集まりを格子と呼ぶ．

y 空間上の格子をもっと詳しく調べよう．$A_1 = (\alpha_{11}, \alpha_{21}, \alpha_{31}, \ldots, \alpha_{n1})$ を x 空間上の点 $(1, 0, \ldots, 0)$ に対応する y 空間上の点を表すものとする．また，$A_2 = (\alpha_{12}, \alpha_{22}, \ldots, \alpha_{n2})$ を x 空間上の点 $(0, 1, \ldots, 0)$ に対応する y 空間上の点を表すものとする．そして，以下同様に行っていく．そのとき，格子の一般の点 P はベクトルを用いて，

$$\overrightarrow{OP} = m_1\overrightarrow{OA_1} + m_2\overrightarrow{OA_2} + \cdots + m_n\overrightarrow{OA_n}$$

と表すことができる．ここで，$m_1, m_2, \ldots, m_n$ はすべての整数値をとる．ベクトル $\overrightarrow{OA_1}, \overrightarrow{OA_2}, \ldots, \overrightarrow{OA_n}$ は，格子の**基本平行 $2n$ 面体**と呼ばれる構造を形成する．

x 空間上の体積 V の集合（または体）は，アフィン変換によって，y 空間上の体積 $V' = V \cdot |\Delta|$ となる集合に変換される．基本平行 $2n$ 面体は体積 $|\Delta|$ を持ち，$|\Delta|$ は**格子の行列式**と呼ばれる．さてここで，y 空間上のものとして，ミンコフスキーの基本定理を次のように言い換えることができる．

定理 5.3（y 空間におけるミンコフスキーの基本定理） L を，n 次元空間内の行列式 $|\Delta|$ を持つ任意の格子とする．そのとき，体積が $2^n|\Delta|$ を超える，原点に関して対称な任意の凸体は，$(0, 0)$ の他に L の点を含む．

引用文献

1. J. W. S. Cassels, *Introduction to the Geometry of Numbers*, Classics of Mathematics Series 所収 (1971; 修正再版, Berlin: Springer-Verlag, 1997).
2. G. Hajós, "Ein neuer Beweis eines Satzes von Minkowski," *Acta Litt. Sci. (Szeged)* 6 (1934): 224–5.
3. G. H. Hardy and E. M. Wright, *An Introduction to the Theory of Numbers*, 5th ed. の第 3 章の注 (Oxford: Oxford University Press, 1983), 37.

4. J. F. Koksma, *Diophantische Approximationen* (New York: Chelsea, 1936), 13.
5. L. A. Lyusternik, *Convex Figures and Polyhedra*; 1st ed. (1956) Donald L. Barrett によるロシア語からの翻訳および翻案 (Boston: D. C. Heath, 1966).
6. Hermann Minkowski, *Geometrie der Zahlen*, Bibliotheca Mathematic Teubneriana, Vol. 40 (Leipzig: Teubner, 1910; New York and London: Johnson Reprint Corp., 1988). 240 ページにわたる最初の節は 1896 年に出版された.
7. ________, *Diophantische Approximationen: Eine Einfuhrung in die Zahlentheorie* (reprinted, New York: Chelsea, 1957).
8. L. J. Mordell, “On Some Arithmetical Results in the Geometry of Numbers,” *Compositio Math.* 1 (1934): 248–53.

第6章

ミンコフスキーの定理の応用

6.1　実数の近似

数の幾何学におけるヘルマン・ミンコフスキーの発見に関するさらなる情報を得るために，興味を持っているドイツ人の読者は，彼の論文選集 [4] に向かえばよい．そこでは，ミンコフスキーが，3次元以上の次元における問題を精査して，定理を証明することにより，この題目をどのように深く掘り下げたかを見出すだろう．本章では，彼の結果によって有理数による実数の近似の可能な精度が立証できる方法のいくつかを調べよう．

ミンコフスキーの基本定理の最初の応用として，次の近似を証明しよう．それは図6.1に示される平行四辺形によって説明される．

定理 6.1　任意の実数 α と，$t > 0$ のいくらでも大きい整数 t が与えられたとき，$|q - \alpha p| \leq \dfrac{1}{t}$ であるような0でない整数 p, q が存在する．

証明　図6.1の，4直線

$$y - \alpha x = k, \quad y - \alpha x = -k, \quad x = t, \quad x = -t$$

によって囲まれた平行四辺形を M 集合と見なそう．この平行四辺形は，底辺 $2t$，高さ $2k$ を持つので，面積 $A = 2t \cdot 2k = 4tk$ を持つ．こうして，t を正の整数として，$k = \dfrac{1}{t}$ とすると，面積は $A = 4$ となる．ミンコフスキーの基本定理により，この平行四辺形の内側または境界線上に，$(0, 0)$ の他に格子点 (p, q) を少なくとも一つ持つ．

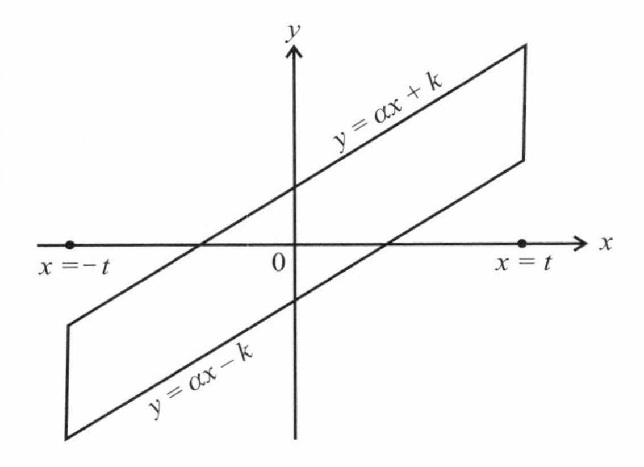

図 6.1: 定理 6.1 の証明での平行四辺形.

これは，p と q の値について二つのことを意味している．まず，

$$-t \leq p \leq t, \quad \text{すなわち}, \quad |p| \leq t$$

であることに気づく．次に，

$$\alpha p - k \leq q \leq \alpha p + k$$

でなければならない．$k = \dfrac{1}{t}$ より，q の値を

$$\alpha p - \frac{1}{t} \leq q \leq \alpha p + \frac{1}{t}, \quad \text{ここで，} t > 0$$

と書き直せる．αp を引くと，$-\dfrac{1}{t} \leq q - \alpha p \leq \dfrac{1}{t}$ となる．こうして，$|q - \alpha p| \leq \dfrac{1}{t}$ となる．これで定理 6.1 は証明された． ■

注意　定理は，p, q が両者とも 0 にはなり得ないと述べている．$p \neq 0$ なら，

$$\left|\frac{q}{p} - \alpha\right| \leq \frac{1}{|p|t}$$

となる．ここで，t が非常に大きいとき，$\dfrac{1}{|p|t}$ は非常に小さい．こうして，この不等式は任意の実数 α に対する優れた有理数近似 $\dfrac{q}{p}$ を与えている．

6.2 ミンコフスキーの第一定理

さて，二つの線形形式が同時に押さえられる格子点を得るために，別の M 集合にミンコフスキーの基本定理を応用しよう．この結果は，彼の**基本定理** 6.1 と混同されないように，**ミンコフスキーの第一定理**と呼ばれる．

定理 6.2（ミンコフスキーの第一定理） 二つの線形形式

$$\begin{aligned}\xi &= \alpha x + \beta y,\\ \eta &= \gamma x + \delta y,\end{aligned} \qquad \text{行列式}\ \Delta = \alpha\delta - \beta\gamma \neq 0$$

を考える．ここで，$\alpha, \beta, \gamma, \delta$ は任意の実数である．このとき，

$$|\xi| = |\alpha p + \beta q| \leq \sqrt{|\Delta|}, \quad |\eta| = |\gamma p + \delta q| \leq \sqrt{|\Delta|}$$

を同時に満たすような，両者とも 0 ではない整数 p, q が存在する．

証明 図 6.2 の，4 直線

$$\alpha x + \beta y = \pm k, \quad \gamma x + \delta y = \pm l, \quad \text{ここで,} \quad k > 0$$

によって囲まれた平行四辺形を M 集合と見なそう．ここで，行列式 $\Delta = \alpha\delta - \beta\gamma \neq 0$ とする．この平行四辺形の面積は，$A : (x_1, y_1), B : (x_2, y_2)$, $C : (x_3, y_3)$ を頂点とする三角形の面積の 2 倍である．平行四辺形の対称性により，$(x_3, y_3) = (-x_1, -y_1)$ である．

解析幾何学より，行列式を用いた三角形 ABC の面積の表し方がわかっている．それは，

$$ABC\ \text{の面積} = \frac{1}{2}\begin{vmatrix} x_1 & y_1 & 1 \\ x_2 & y_2 & 1 \\ x_3 & y_3 & 1 \end{vmatrix} = \frac{1}{2}\begin{vmatrix} x_1 & y_1 & 1 \\ x_2 & y_2 & 1 \\ -x_1 & -y_1 & 1 \end{vmatrix}$$

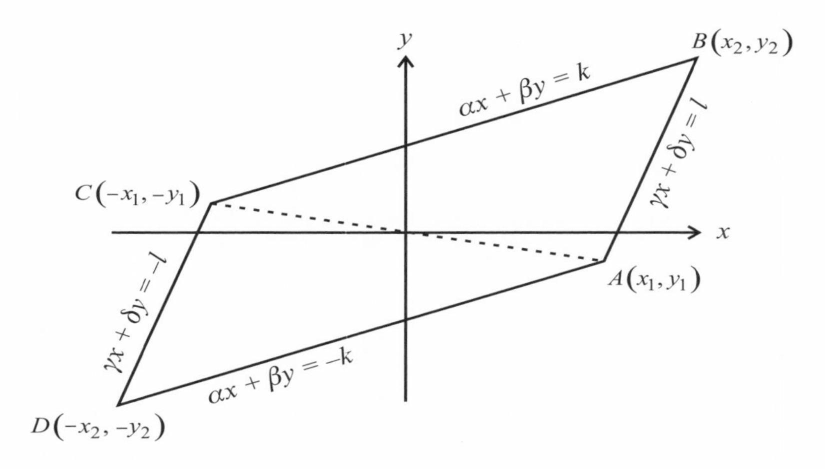

図 6.2: 定理 6.2 の証明での平行四辺形.

である．最後の行列式を第 3 列に関して展開することによって,

$$ABC \text{ の面積} = |x_1 y_2 - x_2 y_1| \tag{6.1}$$

を得る．

A と B の座標はどんなものだろうか．それらを

$$\begin{aligned} \alpha x + \beta y &= -k \\ \gamma x + \delta y &= l \end{aligned} \quad \text{と} \quad \begin{aligned} \alpha x + \beta y &= k \\ \gamma x + \delta y &= l \end{aligned}$$

をそれぞれ解くことで見出そう．これらの二つの線形形式のそれぞれの解は,

$$\begin{aligned} x_1 &= \frac{-1}{\Delta}(\delta k + \beta l) \\ y_1 &= \frac{1}{\Delta}(\alpha l + \gamma k) \end{aligned} \quad \text{と} \quad \begin{aligned} x_2 &= \frac{1}{\Delta}(\delta k - \beta l) \\ y_2 &= \frac{1}{\Delta}(\alpha l - \gamma k) \end{aligned}$$

である．これらの値を (6.1) に代入して，三角形の面積

$$ABC \text{ の面積} = \frac{2k|l|\,|\alpha\delta - \beta\gamma|}{\Delta^2} = \frac{2k|l|}{|\Delta|} = 2k\left|\frac{l}{\Delta}\right|$$

を得る．これは，2倍すると図6.2の平行四辺形の面積

$$A = 4k\left|\frac{l}{\Delta}\right|$$

となる．

さて，kが任意に与えられた正の数として，$l = \dfrac{\Delta}{k}$を選ぶと，$A = 4$となる．このとき，ミンコフスキーの定理より，

$$|\alpha p' + \beta q'| \leq k, \quad |\gamma p' + \delta q'| \leq \frac{|\Delta|}{k}.$$

を満たすような，両者とも0ではない整数p', q'が存在する．特に，$k = \sqrt{|\Delta|}$であれば，

$$|\alpha p + \beta q| \leq \sqrt{|\Delta|}, \quad |\gamma p + \delta q| \leq \sqrt{|\Delta|}.$$

を同時に満たすような，両者とも0ではない整数p, qが存在する．これはまさに定理6.2の主張そのものである． ■

行列式の条件に注意しておく．$\Delta = 0$ならば，$\dfrac{\alpha}{\beta} = \dfrac{\gamma}{\delta}$および$\xi = \left(\dfrac{\beta}{\delta}\right)\eta$となり，興味のない状況である．

6.2節の問題

1. 線形形式$\xi = 230x + 201y$と$\eta = 459x - 400y$にミンコフスキーの第一定理を適用せよ．定理を満たす$x = p$と$y = q$の実際の値を計算せよ．
2. $\xi = 230x + 201y$と$\eta = 459x + 400y$に対して，問題1と同様にせよ．

6.3 ミンコフスキーの第二定理

ここに，ミンコフスキーの第一定理の応用を述べよう．再度，行列式が0でないことを必要とする．

定理6.3（ミンコフスキーの第二定理） 二つの線形形式

$$\xi = \alpha x + \beta y, \quad \eta = \gamma x + \delta y, \qquad \text{行列式}\ \Delta = \alpha\delta - \beta\gamma \neq 0$$

が与えられたとする．ここで，$\alpha, \beta, \gamma, \delta$ は任意の実数である．このとき，

$$|\xi\eta| = |\alpha p + \beta q| \cdot |\gamma p + \delta q| \leq \frac{1}{2}|\Delta|.$$

を満たす，両者とも 0 ではない整数 p, q が存在する．

証明　定理の記述で与えられた二つの線形形式を足したり引いたりする．すると，

$$\xi + \eta = (\alpha + \gamma)x + (\beta + \delta)y,$$

$$\xi - \eta = (\alpha - \gamma)x + (\beta - \delta)y$$

となる．次に，この新しい線形系の行列式 D をいつものように求めると，

$$D = (\alpha + \gamma)(\beta - \delta) - (\alpha - \gamma)(\beta + \delta) = -2(\alpha\delta - \beta\gamma) = -2\Delta \neq 0.$$

となる．こうして，$|D| = 2|\Delta|$ を得る．

定理 6.2 より，

$$|\xi + \eta| \leq \sqrt{|D|} = \sqrt{2|\Delta|},$$

$$|\xi - \eta| \leq \sqrt{|D|} = \sqrt{2|\Delta|}$$

を同時に満たすような，両者とも 0 ではない二つの整数 p, q を見つけることができる．しかし，$|\xi| + |\eta|$ は $|\xi + \eta|$ と $|\xi - \eta|$ の大きい方の数に等しい．つまり，

$$|\xi| + |\eta| = \max\{|\xi + \eta|, |\xi - \eta|\}$$

である．$|\xi + \eta|$ と $|\xi - \eta|$ のどちらも $\sqrt{2|\Delta|}$ 以下だから，

$$|\xi| + |\eta| \leq \sqrt{2|\Delta|} \tag{6.2}$$

が従う．

最後の段階にきて**相加相乗平均の不等式**を必要とする．これは，a,b が正の実数ならば，

$$\sqrt{ab} \leq \frac{a+b}{2}, \quad \text{すなわち}, \quad ab \leq \left(\frac{a+b}{2}\right)^2$$

となる不等式である．このことは，$0 \leq \left(\sqrt{a}-\sqrt{b}\right)^2 = a+b-2\sqrt{ab}$ より，$2\sqrt{ab} \leq a+b$，すなわち $\sqrt{ab} \leq \dfrac{a+b}{2}$ となることより正しい．この議論から，

$$|\xi\eta| = |\xi|\cdot|\eta| \leq \left(\frac{|\xi|+|\eta|}{2}\right)^2 \leq \left(\frac{\sqrt{2|\Delta|}}{2}\right)^2 = \frac{1}{2}|\Delta|$$

となる．よって，定理6.3の証明が完了した．■

注意　定理6.3の係数 $\dfrac{1}{2}$ は，実は“最良”の定数ではない．

$$|\xi\eta| \leq \frac{|\Delta|}{\sqrt{5}}$$

を満たす，両者とも0でない整数 p,q が存在することが証明できる．$\sqrt{5}$ をそれより大きい数で置き換えてしまうともはや定理は成り立たないという意味で，$\sqrt{5}$ は“最良”の定数である．この精密化の（やや難しい）証明については，ハーディ & ライト (Hardy and Wright) [1，第24章，定理454] を参照せよ．

6.3節の問題

1. 線形系 $\xi = x - \pi y$, $\eta = x - ey$ にミンコフスキーの第二定理を適用せよ．ここで，$\pi = 3.14159\cdots$, $e = 2.71828\cdots$ とする．

6.4　無理数の近似

ミンコフスキーの第二定理の応用として，さらにもう一つ定理を述べて証

明しよう．これは，有理数による無理数の近似に関して，第5章で参照されたものである．

定理 6.4　有理数でない任意の実数 α が与えられたとき，任意に大きな分母 q で，$\left|\dfrac{p}{q}-\alpha\right| \leq \dfrac{1}{2q^2}$ となるような有理分数 $\dfrac{p}{q}$ が存在する．

証明　二つの線形形式

$$t \neq 0 \text{ に対して，} \quad \xi = t(x-\alpha y), \quad \eta = \frac{y}{t}$$

を考える．ここで，α は与えられたもので，t はいくらでも大きくとることができるとする．これらの形式の行列式は，

$$\Delta = \begin{vmatrix} -t\alpha & t \\ \dfrac{1}{t} & 0 \end{vmatrix} = -1 \neq 0, \quad \text{ここで} \quad |\Delta| = 1$$

となる．定理 6.3 より，

$$|\xi\eta| = |t(p-\alpha q)| \cdot \left|\frac{q}{t}\right| \leq \frac{|-1|}{2} = \frac{1}{2} \tag{6.3}$$

となるような，両者とも 0 ではない p, q が存在する．上の不等式は，

$$|(p-\alpha q)| \cdot |q| \leq \frac{1}{2} \tag{6.4}$$

と同値である．定理 6.3 の証明から不等式 (6,2) を思い起こすことによって，

$$|\xi| + |\eta| = |t(p-\alpha q)| + \left|\frac{q}{t}\right| \leq \sqrt{2|\Delta|} = \sqrt{2} \tag{6.5}$$

も得る．(6.5) から，

$$|p-\alpha q| \leq \frac{\sqrt{2}}{t} \tag{6.6}$$

となる．

t を十分に大きくとることによって，任意の整数 N より大きい q をとることができることを主張する．それぞれの整数 $q \neq 0$ に対して，

$$\min_{\text{整数 } p} |p - \alpha q| = m(q)$$

を考える．α は無理数だから，すべての整数 q に対して $m(q) > 0$ である．そして，$q = 0$ に対して，

$$m(0) = \min_{\text{整数 } p \neq 0} |p| = 1$$

である．

ここで，

$$m = \min(m(0), m(1), \ldots, m(N))$$

と定義し，t を $\dfrac{\sqrt{2}}{t} < m$ となるように大きく選ぶ．このとき，(6.6) は $|p - \alpha q| < m$ を意味しているが，任意の $m(q)(q \leq N)$ に対して $m \leq m(q)$ であるので，整数 $q \leq N$ に対してこの式は満たされない．よって，q は任意に選ばれた N より大きい数となる．(6.4) を q^2 で割ると，目的とする不等式

$$\left| \frac{p}{q} - \alpha \right| \leq \frac{1}{2q^2}$$

を得る．■

注意　定理 6.4 は，任意の無理数 α を，$q \neq 0$ である有理分数 $\dfrac{p}{q}$ に，指示された精度で近似できることを述べている．またもや，これは“最良”の結果ではない．フルヴィッツ (Hurwitz) [3] による有名な定理は，任意の無理数 α が，

$$\left| \frac{p}{q} - \alpha \right| \leq \frac{1}{\sqrt{5}\, q^2}$$

となるような無数の有理近似 p/q を持つことを述べている．ここで，数 $\sqrt{5}$ はこれより大きな数で置き換えてしまうと定理が成り立たないという意味で，“最良”のものである [1，第 11 章，定理 194]．

6.5　ミンコフスキーの第三定理

最後に，万全を期して，ミンコフスキーの第三定理を述べる．証明は他のものより大変難しいので割愛する．

定理 6.5（ミンコフスキーの第三定理）　ξ, η, Δ が定理 6.3 のように定義されているならば，任意の実数 ζ と σ に対して $|(\xi-\zeta)(\eta-\sigma)| \leq \frac{1}{4}|\Delta|$ を満たす整数 p, q の組が対応する．

注意　定理 6.5 において，$\xi = p - \alpha q$, $\eta = q$, $\zeta = c$, $\sigma = 0$ と仮定する．ここで α は無理数である．代入することによって，不等式

$$|(p - \alpha q - c)q| \leq \frac{1}{4},$$

あるいは，$q \neq 0$ ならば

$$|p - \alpha q - c| \leq \frac{1}{4|q|}$$

を得る．定理 6.5 の証明と不等式から生じるいくつかの興味深い問題における議論については，ハーディ & ライト (Hardy and Wright) [1，第 24 章，6–8 節] を参照せよ．

6.6　同時ディオファントス近似

ミンコフスキーの定理が**同時ディオファントス近似**にどのように応用されるかを示す例で，本章を締め括ろう．この近似は，n 個の無理数 $\alpha_1, \alpha_2, \ldots,$ α_n の，それぞれ同じ分母を持つ n 個の有理分数による同時近似である．

定理 6.6　$\alpha_1, \alpha_2, \ldots, \alpha_n$ を任意の n 個の無理数とする．そのとき，

$$\left|\alpha_1 - \frac{p_1}{p}\right| < \frac{1}{p^{\frac{n+1}{n}}},$$

$$\left|\alpha_2 - \frac{p_2}{p}\right| < \frac{1}{p^{\frac{n+1}{n}}},$$

$$\vdots$$

$$\left|\alpha_n - \frac{p_n}{p}\right| < \frac{1}{p^{\frac{n+1}{n}}}$$

を同時に満たす，$p \geq 1$ である整数 $p_1, p_2, \ldots, p_n, p$ の集合が無限に多く存在する．

証明 s を 1 より小さい任意の数とする．不等式

$$|x_i - \alpha_i y| \leq s, \quad i = 1, 2, \ldots, n, \quad |y| \leq s^{-n}$$

を満たすすべての点 $(x_1, x_2, \ldots, x_n, y)$ を含む $\mathbb{R}^{n+1}$ 内の領域 K を考える．この領域 K は原点を中心に持つ平行 $2n+2$ 面体である．つまり，閉じていて，原点に関して対称で，凸である．

その体積は 2^{n+1} であることを主張する．これを示すために，

$$u_i = \frac{1}{s}(x_i - \alpha_i y), \quad v = s^n y$$

のような $x_1, x_2, \ldots, x_n$，および y 空間から，$u_1, u_2, \ldots, u_n$，および v 空間への線形写像を作る．この写像は，$x_1, x_2, \ldots, x_n$，および y 空間内の領域 K を，不等式

$$|u_i| \leq 1, \quad |v| \leq 1.$$

によって定義される $u_1, u_2, \ldots, u_n$，および v 空間内の H に写す．明らかに，H は $\mathbb{R}^{n+1}$ 内の辺の長さが 2 の $n+1$ 次元立方体である．だから，体積 $\mathrm{vol}(H) = 2^{n+1}$ である．この写像は，ヤコビ行列式が 1 であることを確かめるとわかるように，体積を保つ．よって，体積 $\mathrm{vol}(K) = 2^{n+1}$ ともなる．

こうして，ミンコフスキーの基本定理より，領域 K は原点 $O : (0, 0, \ldots, 0)$ 以外の格子点 $(p_1, p_2, \ldots, p_n, p)$ を含む．よって，

$$|p_i - \alpha_i p| \leq s, \quad i = 1, 2, \ldots, n, \quad |p| \leq s^{-n}. \tag{6.7}$$

となる．ここで $p \geq 0$ と仮定できる．そうでないなら，すべての p_i と p の符号を変えればよい．さらに p は正であることを主張する．$p = 0$ なら，

不等式 (6.7) は $|p_i| \leq s$ となる．s は $s < 1$ と選ばれており，p_i は整数だから，それらはすべて 0 となる．そのとき，$(p_1, p_2, \ldots, p_n, p) = (0, 0, \ldots, 0)$ となり，仮定に反する．

(6.7) の最初の不等式を p で割ると，

$$\left|\frac{p_i}{p} - \alpha_i\right| \leq \frac{s}{p}$$

となる．不等式 (6.7) の後ろの不等式から，$s \leq p^{-\frac{1}{n}}$ がわかる．これを上の不等式に代入すると，

$$\left|\frac{p_i}{p} - \alpha_i\right| \leq \frac{1}{p^{1+\frac{1}{n}}}, \quad \text{ただし，} i = 1, 2, \ldots, n \tag{6.8}$$

となり，期待していたものを得る．

これらの不等式が無限に多くの解を持つことを示すために，(6.8) の解の任意の有限集合をとり，この有限集合内のすべての解に対して，$|p_i - \alpha_i p| > s$ となるほど小さな s を選ぶ．そのとき (6.7) の任意の解は，明らかに (6.8) のこれらの解すべてとは異なる．■

第6章のための読書課題

ミンコフスキーの基本定理より，もし1辺が2の正方形をその中心が格子点と一致するように，格子 Λ 上で重ねられていたら，その正方形の内側か境界上に他の格子点が必ずある．ヒルベルト＆コーン＝フォッセン (Hilbert and Cohn-Vossen) [2] に与えられている証明を学習して，ミンコフスキーの直観的な考えの影響力に注意せよ．

引用文献

1. G. H. Hardy and E. M. Wright, *An Introduction to the Theory of Numbers*, 5th ed. (Oxford: Oxford University Press, 1983).
2. David Hilbert and S. Cohn-Vossen, *Geometry and the Imagination*, P. Nemenyi による翻訳 (New York: Chelsea, 1952), 41.

3. A. Hurwitz, “Uber die angenäherte Darstellung der Irrationalzahlen durch rationale Brüche,” *Mathematische Annalen* 39 (1891): 279–84.
4. Hermann Minkowski, *Ausgewahlte Arbeiten zur Zahlentheorie und zur Geometrie. Mit D. Hilbert's Gedachtnisre auf H. Minkowski (Göttingen, 1909)* [*Selected Papers on Number Theory and Geometry. With D. Hilbert's Commemorative Address in Honor of H. Minkowski*], Teubner-Archiv zur Mathematik, Vol. 12, E. Kratzel and B. Weissbach, eds. (Leipzig: Teubner, 1989).

第7章 線形変換と整数格子

7.1　線形変換

自由選択であった5.4節を読んだ読者は，これからまさに議論しようとしている題材の多くにはすでになじんでいるだろう．初めて数の幾何学に遭遇している読者には，刺激を受けて，もっと難しい理論の証明を理解したり，さらには文献での独学に進んでいくことを期待する．この種のもっと進んだ学習のための前提知識は，**線形変換**のいくらかの知識である．本章では，線形変換を整数格子の研究にいかに応用するかの感覚を得ることになる．線形変換の手順を定義することから始めよう．

xy 平面上の任意の点 (x, y) は，(x', y') が線形方程式の組によって，(x, y) を用いて表されるならば，**線形変換**によって点 (x', y') に**変換**することができ，この変換を T で表す．記号を用いて，このことを

$$T: \begin{array}{l} x' = ax + by, \\ y' = cx + dy, \end{array} \qquad \text{ここで，} \quad \Delta = ad - bc \neq 0$$

のように書く．ここで，係数 a, b, c, d は与えられた実定数である．また，変換の**行列式** $\Delta = ad - bc$ は 0 でないと仮定する．(x, y) が T によって (x', y') に変換されているとき，この置き換えを，記号を用いて，

$$T: (x, y) \to (x', y')$$

と書く．

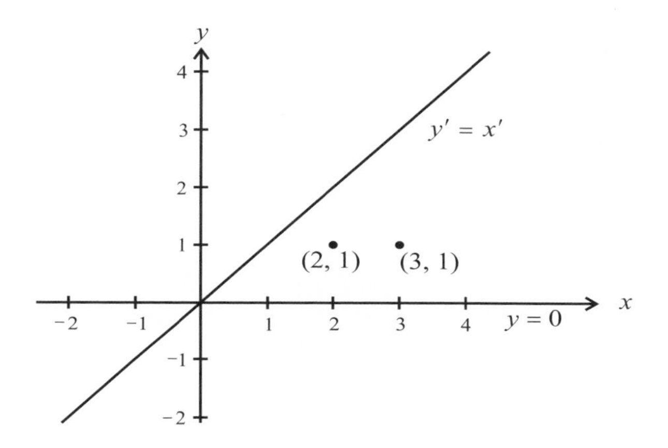

図 7.1: 線形変換 T_1 :
$x' = x + y, y' = x - y.$

行列式が 0 でないという仮定に加えて，第二の重要な仮定は，(x, y) と (x', y') がともに元の xy 軸に関して作図されることである．これが何故重要なのか．なぜなら，そうでなければすぐに混乱してしまうからだ．例えば変換

$$T_1 : \begin{array}{l} x' = x + y, \\ y' = x - y, \end{array} \qquad ここで, \quad \Delta = -1 - 1 = -2$$

を考えよう．まず，和 $x' + y'$ をとり，それから差 $x' - y'$ をとると，x と y を，

$$x = \frac{1}{2}(x' + y'), \quad y = \frac{1}{2}(x' - y')$$

と表せることがわかる．T_1 によって，x 軸，つまり $y = 0$ は直線 $x' - y' = 0$ に写されるが，これはもはや x 軸ではない．T_1 を，x 軸を直線 $y' = x'$ に変えるものと考えてはいけない！　むしろ，直線 $y = 0$ は元来 x 軸と一致しているが，今は直線 $y' = x'$ と一致していると言おう．図 7.1 で，両方の直線を比べよう．図では，T_1 によって点 $(x, y) = (2, 1)$ が点 $(3, 1)$ にどのように写されるかがわかる．さらに，この 2 点は元の軸に関して作図されている．

T の**逆変換**は，T^{-1} で表されるが，変換 T を元に戻す関数である．例えば，元の変換式，

$$T: \begin{array}{l} x' = ax + by, \\ y' = cx + dy, \end{array} \qquad \text{ここで，} \quad \Delta = ad - bc \neq 0$$

を考えよう．x と y を，x' と y' に関して解けば，逆変換

$$T^{-1}: \begin{array}{l} x = a_1x' + b_1y', \\ y = c_1x' + d_1y', \end{array} \qquad \text{ここで，} \quad \Delta_1 = a_1d_1 - b_1c_1 \neq 0,$$

を得る．ここで，$a_1 = \dfrac{d}{\Delta}$, $b_1 = -\dfrac{b}{\Delta}$, $c_1 = -\dfrac{c}{\Delta}$, $d_1 = \dfrac{a}{\Delta}$ である．逆変換 T^{-1} の行列式は，

$$\Delta_1 = a_1d_1 - b_1c_1 = \frac{ad - bc}{\Delta^2} = \frac{1}{\Delta} \neq 0$$

であり，T の行列式 Δ の逆数である．

このことは二つの事実を示している．まず第一に，行列式が0の変換は逆行列を持たない．そのため，注目を可逆なものに限定する．第二に，行列式が $\Delta = \pm 1$ で，そのうえ $\Delta_1 = \pm 1$ となる，特別な変換に遭遇するだろう．

線形変換は多くの有益な性質を持つ．ここでは特に強力な五つの性質を挙げる．線形変換 T によって，

1. 点と直線は，それぞれ点と直線に変換される．
2. 円錐曲線（円，楕円など）は，円錐曲線に変換される．
3. 与えられた比に線分を分ける点は，変換された線分を同じ比に分ける点に変換される（一つの帰結として，M 集合は，そのようにして M 集合に変換される）．
4. T の中の a, b, c, d が与えられた整数で，その行列式が $\Delta = ad - bc = \pm 1$ であるとき，x と y が整数ならば，x' と y' もそうであり，逆もまた同様である．言い換えれば，整数係数を持ち，行列式が ± 1 である線形変換

T は，格子点を格子点に写す．同じことが，T の逆行列 T^{-1} についても成り立つ．

5. 行列式 $\Delta = \pm 1$ の線形変換のもとで，面積は不変である．

性質 (1) は問題 1 の (3) を通して調べられる．一方，性質 (4) は問題 4 で用いられる．しかしながら，性質 (5) は証明するのがもっと難しく，計算に没頭させてしまう．だから単に正しいことと受容すればよいだろう．結局のところ，容易にわかるように行列式 $\Delta = \pm 1$ の線形変換によって三角形と長方形の面積は不変であり，そして初歩的な計算における面積の概念とは長方形による近似和の極限に基づいている．

7.1 節の問題

1. 線形変換 T に対して，
   a. 性質 (1) を証明せよ．
   b. 性質 (2) を証明せよ．
   c. 性質 (3) を証明せよ．
2. 長方形 $(0,0)$, $(1,0)$, $(1,2)$, $(0,2)$ を考える．
   a. この長方形を，変換 $T: x' = x$, $y' = x + y$ によって変換し，その像をグラフに描け．
   b. 元の長方形の面積と T による像の面積を計算せよ．
3. 三角形 $(0,0)$, $(10,0)$, $(10,10)$ を考える．変換 $T: x = x' + y'$, $y = x' + 2y'$ によって新しい三角形に移される．
   a. T の行列式を求めよ．
   b. 元の三角形と移された三角形の面積を比較せよ．
4. 変換 $T: x' = 2x + 3y$, $y' = 4x + 6y$ によって正方形の頂点 $(0,0)$, $(1,0)$, $(1,1)$, $(0,1)$ は，点 $(0,0)$, $(2,4)$, $(5,10)$, $(3,6)$ に写される．こうして，T によって，

$$(x,y) = (0,1) \to (x',y') = (3,6)$$

   となる．
   a. 与えられた正方形の T による像をグラフに描け．
   b. $(x',y') = (3,6) \to (x,y) = (0,1)$ のように写す逆変換 T^{-1} は存在

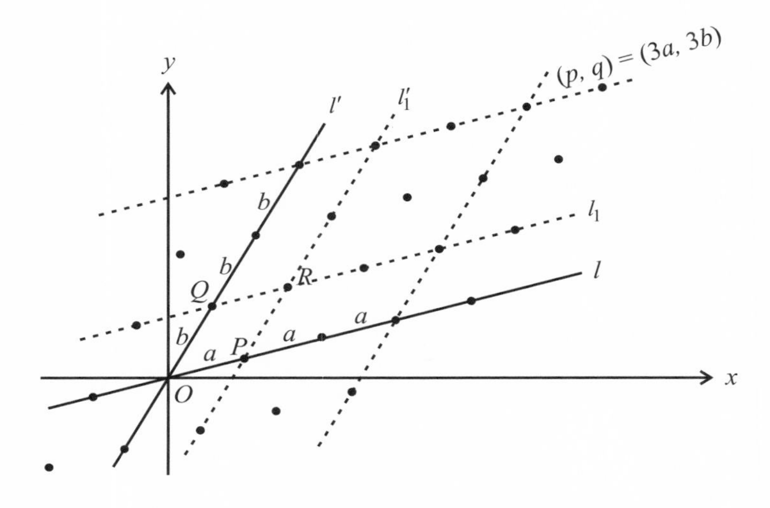

図 7.2: 点格子の構築.

するか，説明せよ.

7.2　一般的な格子

第1章で直線の基本格子 L と基本点格子 Λ を導入した．この Λ は L の直線の交点によって決定されたものである．格子点が主たる関心事であるので，この後の議論では“点格子”を意味するものを，略して“格子”ということにしよう．しかし，そのことに慣れ親しむ前に，ここで立ち止まって，格子の一般概念を調べておこう．

xy 平面において，図 7.2 に示すように，原点として O を選び，O, P, Q が同一直線上にないように2点 P, Q を選ぶ．O と P を通る直線 ℓ を描き，O と Q を通る別の直線 ℓ' を描く．ℓ に沿って，長さ $a = |\overline{OP}|$ の等間隔を測りとり，ℓ' に沿って，長さ $b = |\overline{OQ}|$ で同じことをする．ここで，二つの直線の集まりを描く．一つ目は，ℓ 上の等間隔の点を通り ℓ' に平行な直線で，二つ目は，ℓ' 上の等間隔の点を通り ℓ に平行な直線である．これらの直線の二つの集まりは，**格子**を形成する．直線の交点が**格子点**と呼ばれ，そのよう

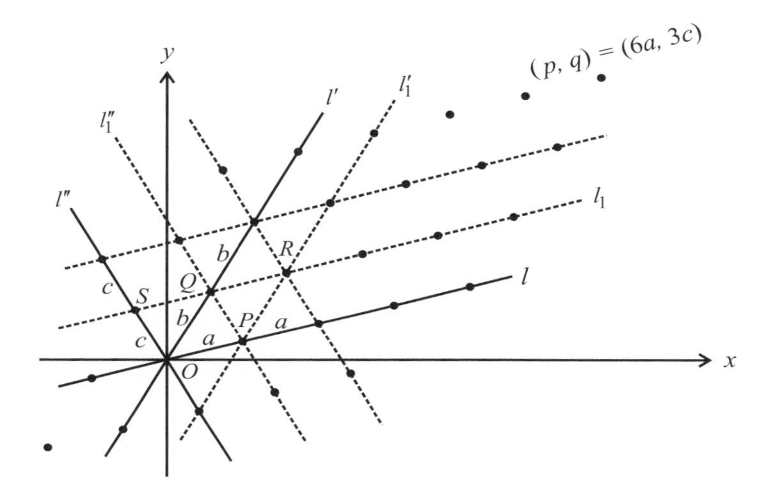

図 7.3: 同値な点格子.

な点全体が**点格子**である.

何を構成できたのだろうか. 図 7.2 に示すように, 平行四辺形 $OPQR$ にすべて合同や相似な, 無限個の平行四辺形で平面を分割している. そのような格子は, 3 点 O, P, Q に**基づく**という. 実際, もっと正確に言えば, 格子は二つの有向線分 (すなわち**ベクトル**) $\overrightarrow{OP}$ と $\overrightarrow{OQ}$ に基づく. というのも, ただ二つの有向線分が与えられれば, 今なお格子を再構築することができるからである.

説明したように, 格子が 3 点 O, P, Q に基づくとき, $OPRQ$ は格子の**基本平行四辺形**と呼ばれる. 頂点が格子点であるが, その境界にも内部にもそれ以外の格子点を持たない平行四辺形は, **原始平行四辺形**という. 例えば, 図 7.2 では $OPRQ$ が原始平行四辺形である.

二つのはっきりと異なる格子が同じ点格子を生成できることに気付くことは重要である. 例えば, 図 7.3 で, $\overrightarrow{OP}$ と $\overrightarrow{OS}$ に基づく格子は, $\overrightarrow{OP}$ と $\overrightarrow{OQ}$ に基づく格子と同じ格子点の集まりを生成する. 同じ点格子を生成する二つの格子は**同値**であるという.

7.3　基本格子 Λ の性質

ここで，いくつかのキーワードを導入しよう．**基本点格子** Λ は，3点 $O:(0,0)$, $P:(1,0)$, $Q:(0,1)$ に**基づいている**．その**基本平行四辺形**は**単位正方形** $OPRQ$ であり，この単位正方形は**原始的**である．Λ の各格子点は**整数座標** (p,q) を持っている．

ここで，(p,q) を Λ の任意の**格子点**を表すとする．(p,q) に**変換**

$$T: \begin{array}{l} p' = ap + bq, \\ q' = cp + dq, \end{array} \qquad \text{ここで，} \Delta = ad - bc \neq 0 \tag{7.1}$$

を適用できる．ここで，a, b, c, d は与えられた整数である．Λ の任意の点は，Λ' の格子点 (p', q') に変換される．というのは，p', q' がともに，明らかに整数であるからである．言い換えれば，Λ' のすべての格子点 (p', q') は Λ の点である．

この格子変換は興味深い疑問を引き起こす．

Λ' の格子点は単に別の並べ方で Λ の格子点を復元するだけだろうか？あるいは，Λ' は Λ の部分集合であろうか？

例えば，Λ の格子点が変換

$$T_2: \begin{array}{l} p' = 2p + q, \\ q' = p + 3q, \end{array} \qquad \text{ここで，} \Delta = 2 \cdot 3 - 1 \cdot 1 = 5$$

に従うと仮定する．図7.4を参考にすると，

$$O:(0,0) \to O':(0,0) = 0:(0,0)$$

$$P:(1,0) \to P':(2,1)$$

$$R:(1,1) \to R':(3,4)$$

$$Q:(0,1) \to Q':(1,3)$$

のような，新しい格子の出現が見てとれる．

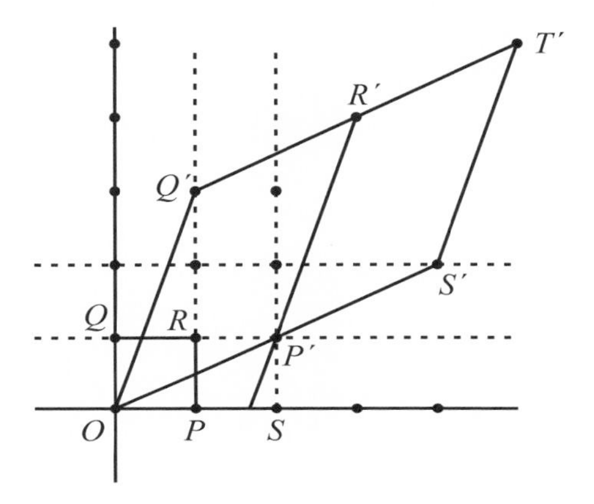

図 7.4: Λ から，部分集合 Λ' への変換．

$\overrightarrow{OP}$ と $\overrightarrow{OQ}$ に基づく格子 Λ は，このようにして，$\overrightarrow{OP'}$ と $\overrightarrow{OQ'}$ に基づく新しい格子 Λ' に変換されており，新しい格子 Λ' の点は，すべて Λ の点でもある．例えば，原始平行四辺形 $OPRQ$ は，Λ' の原始的でない平行四辺形 $OP'R'Q'$ に変換される．Λ の隣接する正方形 $PSP'R$ は，Λ' の隣接する平行四辺形 $P'S'T'R'$ に変換される．このように，以下同様に変換される．Λ' のすべての格子点は Λ の点と一致するとはいえ，Λ の点には，Λ' の点ではないものもある．だから Λ' は Λ の部分集合である．

ここに，異なる結果となる別の変換の例を挙げよう．図 7.5 を参照して，変換

$$T_3: \begin{aligned} p' &= p + q, \\ q' &= p + 2q, \end{aligned} \qquad \text{ここで，} \Delta = (1 \cdot 2) - (1 \cdot 1) = 2 - 1 = 1$$

を考える．

$$O : (0,0) \to O' : (0,0) = O : (0,0)$$

$$P : (1,0) \to P' : (1,1) = R : (1,1)$$

$$R : (1,1) \to R' : (2,3)$$

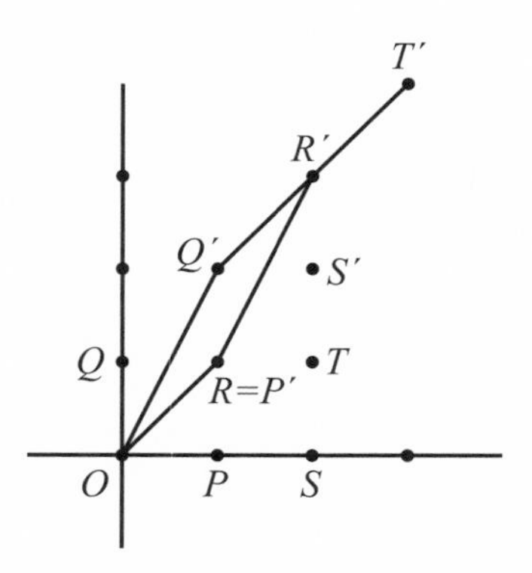

図 7.5: Λ' と Λ は同値である．

$$Q:(0,1)\to Q':(1,2)$$

であることを観察しよう．ここで何が起こっているか．今回，原始平行四辺形 $OPRQ$ は，原始平行四辺形 $ORR'Q'$ に変換されており，隣接する正方形は隣接する平行四辺形に変換されている．Λ' の格子点は Λ の格子点を単純に複製しており，そのため Λ のすべての点は同時に Λ' の点となる．このことを，格子 Λ は T_3 によって，"それ自身の中へ" 変換されているという．言い換えれば，Λ' は Λ と**同値**である．

これら二つの異なる結果は新しい疑問を引き起こす．

一方の線形変換が Λ をそれ自身の中へ写し，もう一方の線形変換がそうではないのは何故か？

その答が行列式，具体的には $|\Delta|$ が 1 かそうでないかに関係があることを，読者はすでに推測しているであろう．

行列式の役割を調べるために，変換 (7.1)

$$T:\begin{aligned}p' &= ap+bq,\\ q' &= cp+dq\end{aligned}\qquad \text{ここで，}a,b,c,d\text{ は整数，}\Delta\neq 0$$

に戻ろう．Λ のすべての点 (p,q) は，T によって Λ の別の格子点 (p',q') に変

換されることがわかっている．(7.1) を p と q に関して，p' と q' を用いて解くと，逆変換

$$T^{-1}: \begin{aligned} p &= \frac{dp' - bq'}{\Delta}, \\ q &= \frac{aq' - cp'}{\Delta} \end{aligned} \tag{7.2}$$

を得る．$\Delta = ad - bc = \pm 1$ を (7.2) に代入すると，

$$T^{-1}: \begin{aligned} p &= \pm(dp' - bq'), \\ q &= \pm(aq' - cp') \end{aligned}$$

となる．これは，p' と q' の任意の整数値が，p と q の整数値を与えることを保証する．こうして，すべての格子点 (p', q') は Λ の格子点 (p, q) に対応し，そのため Λ はそれ自身の中へ変換される．

Λ がそれ自身の中へ変換されるために満たす必要がある条件をさらに詳しく見てみよう．具体的には，行列式 Δ に関して

変換 T が Λ を同値な格子 Λ' に移すためには $\Delta = ad - bc = \pm 1$ が絶対に必要であるか？

である．$\Delta \neq 0$ であることと，(7.1) の T が Λ をそれ自身の中へ変換することだけわかっているとしよう．これは T が格子点を格子点に写すことだけではなく，Λ' のすべての格子点が，Λ のある格子点の T による像になることも意味している．言い換えれば，(7.2) で与えられる逆変換 T^{-1} は，Λ' の任意の格子点 (p', q') を Λ の格子点に写すということである．例えば，T^{-1} は Λ' の $(p', q') = (1, 0)$ を，Λ の格子点 (p, q) に写すに違いない．

この同値性は，式 (7.2) において $p' = 1, q' = 0$ と置くと整数になるに違いないということを示している．すなわち，

$$p = \frac{dp' - bq'}{\Delta} = \frac{d \cdot 1 - b \cdot 0}{\Delta} = \frac{d}{\Delta}$$

と

$$q = \frac{aq' - cp'}{\Delta} = \frac{a \cdot 0 - c \cdot 1}{\Delta} = -\frac{c}{\Delta}$$

の両方が整数でなければならない．これを，整除の記号を用いて，$\Delta \mid d$ と $\Delta \mid c$ で記号的に表す．さらに，T^{-1} もまた Λ' の $(p', q') = (0, 1)$ を Δ の格子点 (p, q) に変換しなければならず，同様に $\Delta \mid b$ と $\Delta \mid a$ を示している．

実際に，Δ が整数 a, b, c, d のそれぞれを割り切ると仮定しよう．このとき，$\Delta^2 \mid ad$ と $\Delta^2 \mid bc$ だから，

$$\Delta^2 \mid ad - bc = \Delta$$

となる．要するに，$\Delta^2 \mid \Delta$ ということである．そうであれば，

$$\frac{\Delta}{\Delta^2} = \frac{1}{\Delta}$$

となり，これは整数でなければならない．こうして，必然的に $\Delta = \pm 1$ となる．

これで次の定理が証明できた．

定理 7.1　a, b, c, d が整数であれば，変換 $T : p' = ap + bq,\ q' = cp + dq$ が Λ をそれ自身の中へ変換するための必要十分条件は，$\Delta = ad - bc = \pm 1$ である．

定理 7.1 の別の観点として，面積に関して変換を考えよう．図 7.4 と図 7.5 のように，同一直線上にない Λ の 3 点 $O : (0, 0)$, $P' : (a, c)$, $Q' : (b, d)$ に基づく点格子 Λ' を考えよう．Λ' のすべての格子点 (p', q') は方程式

$$\begin{aligned} p' &= pa + qb, \\ q' &= pc + qd \end{aligned} \tag{7.3}$$

によって与えられる．ここで，p と q は任意の整数をとることができる．ところで，ベクトルに親しんでいれば，方程式 (7.3) が一つのベクトル方程式

$$(p', q') = p(a, c) + q(b, d)$$

と対応しており，これが整数係数を持つ二つの一次独立なベクトル (a, c) と (b, d) のすべての一次結合を与えていることが見てとれるだろう．

図 7.4 を，線形変換によって面積がどのように変化するかの説明として見てみよう．Λ' の格子点すべてを再現するために，簡単に $O:(0,0)$, $P':(2,1)$, $Q':(1,3)$ を基底として用い，等式

$$\begin{aligned} p' &= 2p+q, \\ q' &= p+3q, \end{aligned} \qquad \text{ここで，} \quad \Delta = 2\cdot 3 - 1\cdot 1 = 5$$

に適用する．順に

$$(p,q) = (1,1),\ (2,0),\ (2,1)$$

と置くと，すぐに，

$$(p',q') = (3,4),\ (4,2),\ (5,5)$$

となる．これらの点を R', S', T' とする．

さて，平行四辺形 $OP'R'Q'$ の面積は三角形 $OP'Q'$ の 2 倍である．これを記号を用いて

$$\text{面積 } OP'R'Q' = 2\cdot\frac{1}{2}\begin{vmatrix} 0 & 0 & 1 \\ a & b & 1 \\ c & d & 1 \end{vmatrix} = \begin{vmatrix} a & b \\ c & d \end{vmatrix} = ad-bc = \Delta$$

のように書く．図 7.4 の点 O, P', Q' の向きに注意しよう．この公式を，逆方向に向き付けられた点 O, Q', P' に適用すると，$-(ad-bc)$ を得る．いずれにしても面積は $|ad-bc|$ である．

この説明は，定理 7.1 の同値な変形の他の記述法を与えている．そのことを次の定理で述べる．

定理 7.2　$\overrightarrow{OP'}$ と $\overrightarrow{OQ'}$ に基づく格子 Λ' が Λ に同値であるための必要十分条件は，$\overrightarrow{OP'}$ と $\overrightarrow{OQ'}$ によって定義される平行四辺形が単位面積を持つことである．

7.3 節の問題

1. (7.1) で与えられる変換 T が，Λ の異なる 2 点 (p_1,q_1) と (p_2,q_2) を Λ' の同じ点 (p',q') に変換できないことを証明せよ．

2. Λ をそれ自身の中へ変換する変換 T の例を二つ挙げよ．それぞれに対して，図 7.4 のように概形を描け．
3. O, P, R, Q が Λ の格子点で，面積 $A < 1$ である平行四辺形 $OPRQ$ を構成することは可能か？　論述せよ．
4. **読書課題**．ロス・ホンスバーガー (Ross Honsberger) の *Ingenuity in Mathematics*, New Mathematical Library Series, Vol. 23 (New York: Random House, 1970) の中の随筆 5 “The Farey Series” (pp. 24–37) を研究せよ．

7.4　可視点

原点 $O : (0, 0)$ から見て，Λ の点 P は，P の視界を遮る他の格子点がないとき——すなわち，O と P の間の線分 $\overline{OP}$ 上に Λ の格子点がのっていないとき——**可視的**であるという．第 1 章で，このような可視性を持つための必要十分条件を証明した．これは，p と q が互いに素であるなら，点 $P : (p, q)$ は $O : (0, 0)$ から可視的であるというものであった．次の定理で述べるように，この可視点の概念は，格子点を決める新しい方法を与える．

定理 7.3　P と Q が Λ の二つの可視点で，$\overrightarrow{OP}$ と $\overrightarrow{OQ}$ に基づく平行四辺形 K の面積が δ に等しいとき，

1. $\delta = 1$ ならば，K の内側に Λ の点は存在しない．
2. $\delta > 1$ ならば，K の内側に Λ の点が少なくとも一つ存在する．

証明　(1) の証明は，定理 7.2 から直ちに従う．逆に，$\delta = 1$ で，K の内側に Λ の格子点が存在すると仮定しよう．そのとき，$\overrightarrow{OP}$ と $\overrightarrow{OQ}$ に基づく格子 Λ' は Λ に同値ではなくなり，定理 7.2 の言明に反する．$\delta = 1$ に対する状況は図 7.6a で説明される．

一方，(2) を証明するために $\delta > 1$ と仮定しよう．そのため，Λ と Λ' は同値ではない．このとき，少なくとも一つの格子点 S' が，基本平行四辺形 K の内側か境界（頂点を除く）上に存在しなければならない．図 7.6b と図 7.6c が示すように，格子 Λ の対称性により，三角形 PQR 内に点 S' があると，それに対応する点 P' が合同な三角形 OPQ 内にある．よって一般に第二の格

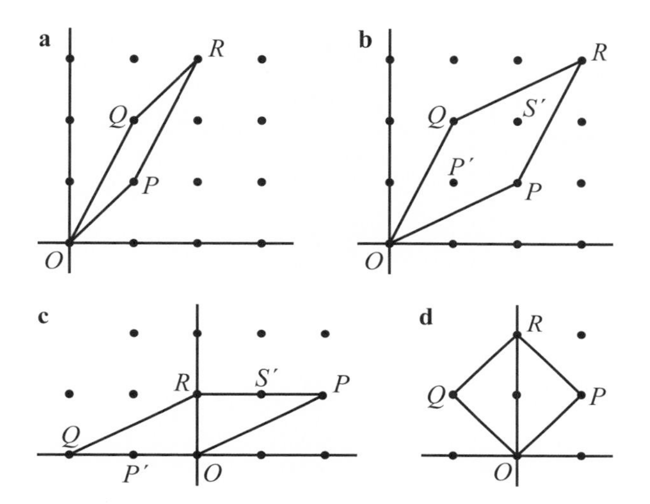

図 7.6: 可視点 P, Q に基づく平行四辺形. (a) では $\delta = 1$, (b), (c), (d) では $\delta > 1$.

子点 P' は K 内に存在しなければならない[1]. 図 7.6d のように, 2 点 S' と P' が K の対角線 OR と PQ の交点に一致するかもしれない. ■

[1] 訳注：したがって, 辺上に S' があるとすると, S' または P' は P または Q を頂点 O からブロックしてしまうので, P と Q が可視的であることに反している.

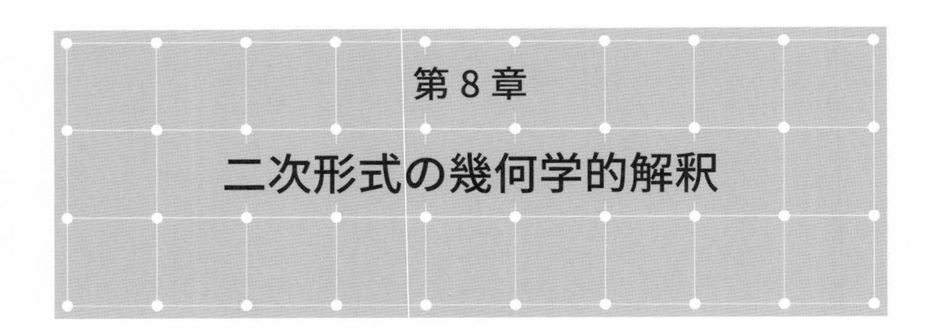

第8章 二次形式の幾何学的解釈

8.1 二次表現

2 **変数およびそれ以上の多変数の二次形式**の研究は，数論の最先端の分野のいくつかへと導く．例えば，ディクソン (Dickson) による *History of the Theory of Numbers* の第3巻 [6] はすべて，その主題に専念している．——そして，ディクソンは1920年代をもって執筆を終えている． すべての正の整数が高々4個の平方数の和として表現できること（8.6節を参照せよ）の最初の証明を公表したのは，18世紀の一流の数学者，ジョゼフ・ルイ・ラグランジュ（Joseph Louis Lagrange; 1736–1813；オイラーに匹敵した）であった．1773年に最初に発展した二次形式のラグランジュの理論は，後に同時代の若手，ルジャンドルとガウスによって，簡略化され拡張された．

2 **変数の二次形式**とは何か？　その式は，

$$f(x,y) = ax^2 + 2bxy + cy^2 \tag{8.1}$$

である．ここで，$a, 2b, c$ は整数で，x と y は2実変数（だから形容詞の“2変数の”）である．我々はこのような二次形式で，x と y を整数の組に置き換えたときの振る舞いに関心がある．二次形式に関わる古典的な問題は次のように表現できる．

特定の二次形式が与えられたとして，x と y がすべての可能な整数値にわたるとき，どんな整数 n が $f(x,y)$ で表すことができるか．

言い換えると，

どんな整数 n が $n = ax^2 + 2bxy + cy^2$ の形で表すことができるか？

$n = x^2 + y^2$, $n = x^2 + 2y^2$, $n = x^2 + 3y^2$, ... のような特別な形の二次形式で表すことができる整数 n がどのようなものかは知られている．しかしながら，任意に与えられた二次形式によって表すことができる整数 n がどのようなものかを述べている定理は知られていない．

それにもかかわらず，二次形式についての多くの問題はとっつきやすい．そのような問題の一つが数の幾何学に関連しており，ミンコフスキーの基本定理を利用している．その問題がこれである．

整数値 x と y に対して，$|f(x,y)| \geq M$ となるような最小の数 M は何か？

この最小数 M を実際に特定すれば，$|f(x,y)|$ の**下界**または**最小値**を見つけたと言える．しかしながら，首尾よく最小値を正確に示すことは遠大な計画すぎて，自明でない M の上限をいくつか見積もるという結果に甘んじるだろう．

本章では二次形式の一つのタイプ，すなわち $f(x,y) \geq 0$ となるようなものだけを調べる（$f(0,0) = 0$ に注意せよ）．そのような形式は**正定値の二次形式**と呼ばれる．0 でないすべての値が正であることを保証するために，(8.1) にいくつかの条件を加える必要がある．特に，

$$f(x,y) = ax^2 + 2bxy + cy^2 \tag{8.2}$$

が**判別式** $d = ac - b^2 > 0$ を持つことを明確に述べる必要があるだろう．ここで，a, b, c は整数である．判別式の正値性は，形式がとり得る値の集合を限定する．これを見るために，まず $a > 0$ と仮定することにすると $c > 0$ でなければならないことに注意しよう．$f(x,y)$ に a を掛けたあと，平方完成すると次を得る．

$$af(x,y) = (ax + by)^2 + (ac - b^2)y^2.$$

$d = ac - b^2 > 0$ だから，右辺の二つの項は $(0,0)$ 以外の任意の整数の組

(x, y) に対して常に正である．ゆえに，このような形式は0か正の数だけを表すことがわかる．

8.2　最小の正の値に対する上界

正定値二次形式の最小値または下界 $|f(x,y)| \geq M$ をどのように見つけるのだろうか．ミンコフスキーの幾何学的観点の応用を可能にするいくつかの方法をざっと復習しよう．

まず，もう一度二次形式 (8.2) を見よう．**二つの線形形式の平方の一次結合**として (8.2) を表せることに気付いただろうか．項 $\dfrac{b^2}{a}y^2$ を単純に足し引きして，判別式 d を代入すると

$$\begin{aligned} f(x,y) &= ax^2 + 2bxy + \frac{b^2}{a}y^2 + cy^2 - \frac{b^2}{a}y^2 \\ &= a\left(x^2 + \frac{2b}{a}xy + \frac{b^2}{a^2}y^2\right) + \left(\frac{ac-b^2}{a}\right)y^2 \\ &= a\left(x + \frac{b}{a}y\right)^2 + \frac{d}{a}y^2 \end{aligned} \tag{8.3}$$

を得る．

実際，無限に多くの方法で二つの線形形式の平方の結合として $f(x,y)$ を表すことが可能である．これを見るために，まず，$f(x,y)$ に任意の線形変換

$$\begin{aligned} x &= \alpha x_1 + \beta y_1, \\ y &= \gamma x_1 + \delta y_1 \end{aligned} \tag{8.4}$$

を従属させる．ここで，$\alpha, \beta, \gamma, \delta$ は整数，$\Delta = \alpha\delta - \beta\gamma = \pm 1$ である．この線形変換によって，$f(x,y)$ は

$$g(x_1, y_1) = a_1 x_1^2 + 2b_1 x_1 y_1 + c_1 y_1^2.$$

という形式に変形できる．ここで，

$$a_1 = a\alpha^2 + 2b\alpha\gamma + c\gamma^2,$$

$$b_1 = \alpha\beta + b(\alpha\delta + \beta\gamma) + c\gamma\delta,$$

$$c_1 = a\beta^2 + 2b\beta\delta + c\delta^2$$

である．改めて，$g(x_1, y_1)$ を (8.3) の形式に表すために平方完成することができる．

さて，$f(x, y)$ と $g(x_1, y_1)$ が，同じ整数 n の集合を正確に表しているという意味で，本質的に同じ二次形式であるということを主張しよう．実際，ある整数の組 (p, q) に対して，$f(p, q) = n$ を仮定する．つまり，

$$n = f(p, q) = ap^2 + 2bpq + cq^2$$

とする．このとき，線形方程式系 (8.4) を x_1 と y_1 について解くことで，

$$x_1 = \frac{1}{\Delta}(\delta x - \beta y) = (\pm 1)(\delta p - \beta q) = p_1,$$

$$y_1 = \frac{1}{\Delta}(-\gamma x + \alpha y) = (\pm 1)(-\gamma p + \alpha q) = q_1$$

が整数であり，さらに $g(p_1, q_1) = n$ であることがわかる．

原点を中心として 4 以上の面積を持つ M 集合に，集合の内部または境界上に含まれる原点以外の格子点を得るために，ミンコフスキーの基本定理を応用できることを思い起こそう．ゆえに，この代数的な問題，すなわち正の判別式をもつ二次形式がとる最小の正の値を求めるという問題を，幾何学的な問題として定式化したい．すなわち，ミンコフスキーの基本定理の条件をすべて満たす，関連した M 集合を見つけたい．

初めに，$d > 0$ という必要十分条件が与えられていたことにより，すべての 0 でない値 $f(x, y) = n$ は正の整数であることがわかり，そのため実数の平方として表すことができることに注意しよう．こうして

$$f(x, y) = a\left(x + \frac{b}{a}y\right)^2 + \frac{d}{a}y^2 = s^2 \tag{8.5}$$

となる．$f(-x, -y) = f(x, y) = s^2$ だから，(8.5) で表される楕円は原点に関して対称である．ゆえに，これは M 集合である．そこで，この面積が知

りたい．変換

$$X = x + \frac{b}{a}y$$
$$Y = y \tag{8.6}$$

を使うことによって，(8.5) は，

$$aX^2 + \frac{d}{a}Y^2 = s^2,$$

すなわち

$$\frac{X^2}{\frac{s^2}{a}} + \frac{Y^2}{\frac{s^2 a}{d}} = 1$$

となる．後者の式は，XY 平面上にある原点が中心の楕円であり，長軸と短軸が X 軸と Y 軸に一致する．実際，それは M 集合でもあり，変換 (8.6) は行列式が 1 だから，この楕円の面積は xy 平面上で (8.5) で表された，回転した楕円の面積に等しい．

ここで，楕円の面積の公式を与える次の補題を証明する．

補題 8.1　与えられた楕円 E が $\dfrac{X^2}{M^2} + \dfrac{Y^2}{N^2} = 1$ で表されているとする．このとき E の面積は，公式 $A_E = \pi MN$ で表される．

証明　$X_1 = \dfrac{t}{M}X$, $Y_1 = \dfrac{t}{N}Y$ によって与えられる線形変換を考える．この変数変換によって，楕円 E の方程式は，面積 $A_C = \pi t^2$ を持つ円

$$C:\ X_1^2 + Y_1^2 = t^2$$

に変換される．一方，変換の行列式は $\dfrac{t^2}{MN}$ だから，初めに条件 $t^2 = MN$ を満たすように t を選ぶと，行列式は 1 となり，楕円の面積と円の面積は等しい．これで補題の主張が証明された．■

かくして，上記の線形変換によって，二次形式 $f(x, y) = s^2$ が，面積

$$A = \pi\left(\frac{s}{\sqrt{a}}\right)\left(\frac{s\sqrt{a}}{\sqrt{d}}\right) = \frac{\pi s^2}{\sqrt{d}}$$

を持つ楕円の方程式に一致し，同じ面積を持つ M 集合を定義していることがわかる．

この時点で，ミンコフスキーの基本定理が思い起こされる．楕円 (8.5) の面積を 4 に等しいとしよう．つまり，

$$\frac{\pi s^2}{\sqrt{d}} = 4, \quad \text{すなわち，} \quad s^2 = \frac{4}{\pi}\sqrt{d}.$$

このとき，$f(x, y) = s^2$ の内側かその上に，格子点 $(x, y) = (p, q) \neq (0, 0)$ で，

$$ap^2 + 2bpq + cq^2 \leq s^2 = \frac{4}{\pi}\sqrt{d}$$

となるようなものが少なくとも一つ存在する．

次の定理はこの結果を要約している．

定理 8.1　$a > 0$ で $d = ac - b^2 > 0$ のとき，同時に 0 とはならない整数の組 p, q で，

$$f(p, q) = ap^2 + 2bpq + cq^2 \leq \frac{4}{\pi}\sqrt{d}$$

となるようなものが少なくとも一つ存在する．

8.3 改良された上界

定理 8.1 における定数 $M_1 = \dfrac{4}{\pi}\sqrt{d}$ は，望ましい最小値 M に対して，可能な限り最良の上界ではない．ミンコフスキーの幾何学的方法は強力ではあるが，M_1 の許される最小値を容易に見つけることはできない．M_1 を改良するために，2 人の卓越した 19 世紀のロシアの数学者，コルキン (Korkine) とゾロタレフ (Zolotareff) によって展開された代数的方法 [15] を採用しよう．ここで試みるものよりは表面的でない概説は [13, Ch. 2] を見よ．

$(\mathbb{X}, \mathbb{Y}) = (p, q)$ を，正定値二次形式

$$f(\mathbb{X}, \mathbb{Y}) = A\mathbb{X}^2 + 2B\mathbb{X}\mathbb{Y} + C\mathbb{Y}^2 \tag{8.7}$$

が最小値をとる格子点とする．ここで，$A > 0$, $d_1 = AC - B^2 > 0$ とする．明らかに，p と q は互いに素ででなければならない．というのは，g.c.d.$(p, q) = s > 1$ ならば，$p = sp_1$, $q = sq_1$ となり，

$$f(p, q) = s^2 f(p_1, q_1).$$

となる．すなわち，$f(p_1, q_1)$ は $f(p, q)$ よりも小さな数値を持つ．

しかしながら，g.c.d.$(p, q) = 1$ ならば，$pm + qn = 1$ となるような二つの整数 m と n が存在する．ゆえに線形変換

$$\mathbb{X} = px - ny,$$

$$\mathbb{Y} = qx + my$$

は，行列式 $\Delta = pm + qn = 1$ を持ち，格子点 $(\mathbb{X}, \mathbb{Y}) = (p, q)$ を格子点 $(x, y) = (1, 0)$ に変換する．二次形式 (8.7) は二次形式

$$g(x, y) = ax^2 + 2bxy + cy^2 \tag{8.8}$$

に変換される．$\Delta = 1$ だから，式 (8.8) は $f(\mathbb{X}, \mathbb{Y})$ と同じ数値をとる．

式 (8.8) を

$$\begin{aligned} g(x, y) &= a\left(x^2 + 2\frac{b}{a}xy + \frac{c}{a}y^2\right) \\ &= a\left[(x + b'y)^2 + (c' - b'^2)y^2\right], \end{aligned} \qquad \text{ここで，} b' = \frac{b}{a},\ c' = \frac{c}{a}$$

の形で書こう．$f(p, q)$ は最小だから $g(1, 0) = a$ はまさにその最小値である．それゆえに，$g(x, y)$ の数値は，$(0, 0)$ 以外のすべての格子点 (x, y) に対して $a\ (> 0)$ 以上である．

$|b'| \geq \dfrac{1}{2}$ とし，k を b' に最も近い整数とする．$k - b' = \epsilon$ と置く．このとき $|k - b'| = |\epsilon| \leq \dfrac{1}{2}$ である．さて，もう一つの線形変換

$$x = x' - ky',$$

$$y = y'$$

を行う．ここで，変換の行列式 $\Delta = 1$ である．これは $g(x, y)$ を $Q(x', y')$ に変換する．ここで，すべての格子点 (x', y') に対して，

$$\begin{aligned} Q(x', y') &= a[(x' - ky' + b'y')^2 + (c' - b'^2)y'^2] \\ &= a[(x' - \epsilon y')^2 + (c' - b'^2)y'^2] \geq a \end{aligned}$$

となる．

特別な格子点 $(x', y') = (0, 1)$ を調べてみよう．

$$Q(0, 1) = a[\epsilon^2 + (c' - b'^2)] = a\epsilon^2 + a(c' - b'^2) \geq a$$

であるので，

$$a(c' - b'^2) \geq a - a\epsilon^2 = a(1 - \epsilon^2),$$

もしくは $b' = \dfrac{b}{a}$, $c' = \dfrac{c}{a}$ を代入して，

$$a\left(\frac{c}{a} - \frac{b^2}{a^2}\right) = \frac{ac - b^2}{a} = \frac{d}{a} \geq a(1 - \epsilon^2)$$

であることがすぐにわかる．

判別式 d の値は何だろうか？

$$\epsilon = k - b' = k - \frac{b}{a} \quad \text{であり，} \quad \epsilon^2 = \left(k - \frac{b}{a}\right)^2 \leq \frac{1}{4}$$

である．これより，

$$a(1 - \epsilon^2) = a\left[1 - \left(k - \frac{b}{a}\right)^2\right] \geq \frac{3}{4}a$$

となる．したがって，判別式の値は，

$$d \geq \frac{3}{4}a^2 \quad \text{であり，すなわち} \quad a \leq \frac{2}{\sqrt{3}}\sqrt{d}$$

となる．

$g(x, y)$ の絶対最小値が a であれば，

$$a = M_2\sqrt{d},\quad \text{すなわち，}\quad M_2 = \frac{a}{\sqrt{d}} \leq \frac{2}{\sqrt{3}}$$

となる．しかし，特別な形 $x^2 + xy + y^2$ の最小値は1であり，$b = \dfrac{1}{2}$ で，判別式 $d = \dfrac{3}{4}$ であることを思い起こそう．すると．$a = 1 \leq M_2\sqrt{\dfrac{3}{4}}$ は，$M_2 \geq \sqrt{\dfrac{4}{3}}$ でない限り成り立たない．このように，結局，$M_2 = \dfrac{2}{\sqrt{3}}$ でなければならない．

たとえ上の議論で，仮定を $|b'| < \dfrac{1}{2}, k = 0$ と変えたとしても，同じ結論に到達するであろう．ゆえに，次の定理が証明できた．この定理は定理8.1を改良したものである．

定理 8.2　$a > 0, d = ac - b^2 > 0$ である $f(x, y) = ax^2 + 2bxy + cy^2$ を，正定値二次形式とする．このとき，同時に0とはならない整数 p, q で，

$$|f(p, q)| = f(p, q) \leq \frac{2}{\sqrt{3}}\sqrt{d}$$

であるようなものが存在する．

例　二次形式

$$f(x, y) = 25x^2 + 126xy + 162y^2$$

は，最小値が

$$\frac{2}{\sqrt{3}}\sqrt{25 \times 162 - (63)^2} = 10.39\cdots$$

以下とならねばならない．$f(x, y)$ の係数は整数だから，最小値は10以下である．

8.4 ［自由選択］3変数以上の二次形式の最小値の下界

二次形式の語彙をよく知っている読者のために以下の注意を述べておこう．すべての結果は証明なしに述べられているが，関心を持つ読者のさらなる追求のために適宜参考文献を参照する．一般の読者は本節を飛ばしても差し支えない．

8.3節では，2変数の正定値二次形式—— これは別名正定値2**元**二次形式として知られているものである——の0でない最小値の範囲を限定するためにコルキンとゾロタレフが展開した方法の導入を紹介した．この二人はまた2変数を超える二次形式を議論するために独創的な方法を考案した．そして彼らは“最小値による二次形式の展開”[15]にその手順を著わした．

Xはn組，つまり$X = (x_1, x_2, \ldots, x_n)$を表すとする．$Q(X) = Q(x_1, x_2, \ldots, x_n)$を判別式$d > 0$である正定値二次形式であるとする．次の疑問に答えたい．この疑問は，8.2節と8.3節の研究の動機の一般化である．

$\epsilon > 0$は任意とする．$Q(X) \leq M_n + \epsilon$となる0でないn組$X \in \mathbb{Z}^n$が存在するような最小の正の実数M_nは何か？

この下界が判別式dを持つ形式$Q(X)$によって実際に達成されるならば，$X \neq (0)$における$Q(X)$の**最小値**ということになる．この値は定数とdの分数べきの積の形をとるので，その定数をm_nと表すことにしよう．

ミンコフスキー(Minkowski) [18]は$Q(X)$がn変数の正定値二次形式であるなら，

$$0 < Q(X) \leq \frac{4}{\pi}\left[\Gamma\left(1 + \frac{n}{2}\right)\right]^{\frac{2}{n}} d^{\frac{1}{n}} = m_n d^{\frac{1}{n}} = M_n$$

を満たすような整数のn組Xが存在することを彼の幾何学的方法によって証明した．ここで$\Gamma(x)$は通常のガンマ関数である．

1914年に，ブリッヒフェルト(Blichfeldt) [1]（彼については第9章でもっと論じることになるだろう）は，数の幾何学において彼が新たに展開してきた原理を使って，ミンコフスキーの結果を

$$0 < Q(X) \leq \frac{2}{\pi}\left[\Gamma\left(1 + \frac{n+2}{2}\right)\right]^{\frac{2}{n}} d^{\frac{1}{n}} = M_n' d^{\frac{1}{n}}$$

に置き換えることができた．これはどの位大きな改良になるのか？　ミンコフスキーの結果では，m_n の漸近値は $\dfrac{2n}{\pi e}$，つまり $n \to \infty$ のとき，$m_n \to \dfrac{2n}{\pi e}$ である．記号で $m_n \sim \dfrac{2n}{\pi e}$ と書こう．しかし，ブリッヒフェルトの結果では，$m'_n \sim \dfrac{n}{\pi e}$ で，ミンコフスキーの極限値の半分である！　ミンコフスキーはまた，m_n の漸近値は $\dfrac{n}{2\pi e}$ より小さくなることはあり得ないことを証明した．

$n = 2$ に対する最小値 m_2 はまずエルミート (Hermite) [9] によって決定され，ガウス (Gauss) [7] にもわかっていた．$n = 3, 4, 5$ に対する最小値はコルキン & ゾロタレフ (Korkine and Zolotareff) [15, 16, 17] によって発見された．そしてブリッヒフェルト (Blichfeldt) [2] は，$n = 6, 7, 8$ に対する最小値を決定した．これらの最小値は，

$$m_2 = \frac{2}{\sqrt{3}}, \quad m_3 = \sqrt[3]{2}, \quad m_4 = \sqrt{2}, \quad m_5 = \sqrt[5]{8},$$

$$m_6 = \sqrt[6]{\frac{64}{3}}, \quad m_7 = \sqrt[7]{64}, \quad m_8 = 2$$

である．

8.5　有理数による近似

定理 8.2 は**有理数によって無理数**を近似するという問題に応用できる．実際，$n \neq 0$ に対して，

$$\left|\alpha - \frac{m}{n}\right| \leq \frac{2}{\sqrt{3}\,n^2}$$

であるような無限に多くの有理分数 $\dfrac{m}{n}$ が存在することを証明するのは簡単である．ここで，α は任意の実数である．近似の度合いは $\dfrac{1}{n^2}$ に比例している．そのため，いくぶん良い近似を得る．詳しくは [13, p. 40] を参照せよ．

二次形式 $f(x, y)$ についての式 (8.5) を参照して，さらにいくつか手順を踏めば

$$f(x,y) = \left(\sqrt{a}\,x + \frac{b}{\sqrt{a}}y\right)^2 + \left(\sqrt{\frac{d}{a}}\,y\right)^2$$

と書くことができる．この形式では，括弧の中の多項式の係数はもはや有理数ではないことに注意せよ．しかしながら，いったんこれを許してしまえば，すべての二次形式を1次式の平方の和として書くことができることがわかる．このことを使って，αを任意の無理数として，二次形式，

$$\begin{aligned} Q(m,n) &= \left(\frac{\alpha n - m}{\epsilon}\right)^2 + \epsilon^2 n^2 \\ &= \frac{1}{\epsilon^2}m^2 - 2\frac{\alpha}{\epsilon^2}mn + \left(\frac{\alpha^2}{\epsilon^2} + \epsilon^2\right)n^2 \end{aligned}$$

を考える．ここで，mとnは整数であり，その判別式は，

$$d = \frac{1}{\epsilon^2}\left(\frac{\alpha^2}{\epsilon^2} + \epsilon^2\right) - \frac{\alpha^2}{\epsilon^4} = 1$$

である．ここで，ϵは任意の正数である．

定理8.2より，

$$\left(\frac{\alpha n - m}{\epsilon}\right)^2 + \epsilon^2 n^2 \leq \frac{2}{\sqrt{3}}$$

であるような共に0でない2整数mとnを常に見つけることができる．次の二つの不等式が成り立つ．

$$\begin{aligned} \left|\alpha - \frac{m}{n}\right| &\leq \frac{\epsilon}{|n|}\sqrt{\frac{2}{\sqrt{3}}} \\ |n| &\leq \frac{1}{\epsilon}\sqrt{\frac{2}{\sqrt{3}}}. \end{aligned} \qquad \text{ここで，} n > 0. \tag{8.9}$$

αは無理数だから，$\left|\alpha - \dfrac{m}{n}\right| = 0$となることはない．だから，(8.9)の1番目の不等式を満たす無限に多くの有理分数$\dfrac{m}{n}$が存在しなければならない．これを見るために，ϵの値をどんどん小さくする．すると，ϵの各々の値に対

して対応する有理分数 $\frac{m}{n}$ が存在する．これらの分数はすべて等しくなることはあり得ない．というのは，$\epsilon \to 0$ のとき，$\left|\alpha - \frac{m}{n}\right| \to 0$ となるからである．

(8.9) の第二の不等式を使って，第一の不等式の ϵ を消去すれば，

$$\left|\alpha - \frac{m}{n}\right| \leq \frac{2}{\sqrt{3}\,n^2}, \quad \text{ここで，} \quad n > 0 \tag{8.10}$$

となる．こうして，α を近似し，近似度が分母の n の平方に反比例する，無限に多くの有理分数 $\frac{m}{n}$ が存在することが証明された．

もちろん，これは“最良の”結果からはかけ離れている．フルヴィッツ (Hurwitz) [14] は，任意の無理数 α に対して，$n > 0$ において，

$$\left|\alpha - \frac{m}{n}\right| < \frac{1}{\sqrt{5}n^2}$$

であるような無限に多くの有理分数 $\frac{m}{n}$ が存在することを証明した．ここで $\sqrt{5}$ は，どんなに大きい数を $\sqrt{5}$ と置き換えても定理が成り立たなくなるという意味で，最良の定数である．定数を比較すると，$\frac{2}{\sqrt{3}} = 1.14155\cdots$ であり，一方 $\frac{1}{\sqrt{5}} = 0.4472\cdots$ はより小さい．それでも，比較的小さい分母でも，(8.10) からかなり良い近似が得られる．

8.6　四つの平方数の和

ディオファントスの熱烈な普及者であるクロード・バシェ・ド・メジリアク (Claude Bachet de Méziriac; 1581–1638) は，1621 年にすべての正の整数 n は 4 整数の平方の和であると，証明なしで述べた．すなわち，すべての正の整数 n は，

$$n = x^2 + y^2 + z^2 + w^2$$

という形で表すことができるということである．ここで，x, y, z, w は整数である．

バシェの主張は証明が簡単な定理ではない．フェルマーは，今では有名となった傍注の一つに，彼が証明したと書き残した．これは恐らく真実であるが，確かであることはわかっていない．偉大で才覚に富んだオイラーは，1730 年から 1750 年の間に証明を提供しようと繰り返し試みたが，失敗した．遂にラグランジュが 1770 年に最初の証明を公表したとき，彼はベルリンのフリードリヒ大王のプロイセンアカデミーにおける前任者であるオイラーの先駆的な仕事に対して大いなる恩義を感じた [5].

ラグランジュの定理を述べて証明することにしよう．

定理 8.3 (ラグランジュの定理) すべての正の整数は，4 整数の平方の和として表せる．

多くの数学者が，それぞれラグランジュの定理の証明を試みた．次の証明はダベンポート (Davenport) [3] によるものだが，グレイス (Grace) [8] の証明に若干似ており，1853 年にエルミートによって与えられた証明の改良版である [10, 11]（[12] も見よ）．ダベンポートとは違って，エルミートはミンコフスキーの基本定理に訴えることはできなかった（まだ定理が存在していなかった）が，その代わりに，正定値二次形式の最小値に関する彼自身の結果を使った．

ダベンポートは彼の証明がラグランジュの定理の理想的な証明になっているとは主張しなかったが，それは我々の目的によく適ったものである．それはとても単純で細々しさが最小限に抑えられているだけでなく，数の幾何学が純粋に算術的な結果を証明するのにどのように使われ得るかについての優れた例でもある．

ラグランジュの定理の直接的で初歩的なすべての証明には次の補題が必要である．

補題 8.2 任意の正の奇数 m に対して，$a^2+b^2+1=mk$ となるような整数 a, b が存在する．ここで，k はある整数である．

要するに，a^2+b^2+1 が m で割り切れるということである．合同式の表記に慣れた人は，$a^2+b^2+1 \equiv 0 \pmod{m}$ と書くであろう．

その証明は深い海へ引きずり込むので，この補題の証明はしないことにする．それは，m が素数 p のときは“平方剰余”，$m = p^\nu$ のときは ν に関する帰納法，そして一般の m に対してはこれらの結果の組合せによる議論を用いる [4].

ラグランジュの定理の証明　4変数 x, y, z, w についての四つの線形形式 $\mathbb{X}$, $\mathbb{T}, \mathbb{Z}, \mathbb{W}$ を定義することから始めよう．

$$\begin{aligned}
\mathbb{X} &= mx \qquad + az + bw, \\
\mathbb{Y} &= \qquad my + bz - aw, \\
\mathbb{Z} &= \qquad\qquad z, \\
\mathbb{W} &= \qquad\qquad\qquad w.
\end{aligned}$$

これらの線形形式の行列式は，

$$\Delta = \begin{vmatrix} m & 0 & a & b \\ 0 & m & b & -a \\ 0 & 0 & 1 & 0 \\ 0 & 0 & 0 & 1 \end{vmatrix} = m^2 \tag{8.11}$$

である．$\Delta = m^2$ であることを見るのは，これが“三角”行列式であり，主対角線より下が0であることに注目すれば容易である．そうすれば，その値は単に対角線上の数 $m, m, 1, 1$ の積である．

さて，x, y, z, w がすべての整数値 $0, \pm 1, \pm 2, \ldots$ をとるとしよう．対応する点 $(\mathbb{X}, \mathbb{T}, \mathbb{Z}, \mathbb{W})$ は，行列式 $\Delta = m^2$ の4次元空間における格子を形成する．

平方数の和 $\mathbb{X}^2 + \mathbb{Y}^2 + \mathbb{Z}^2 + \mathbb{W}^2$ を計算したい．式 (8.11) から簡単な（しかし退屈な）計算をすると，$\mathbb{X}^2 + \mathbb{Y}^2 + \mathbb{Z}^2 + \mathbb{W}^2$ が，

$$\begin{aligned}
&m(mx^2 + my^2 - 2axy - 2ayw + 2bxy + 2byz) \\
&\qquad\qquad + (a^2 + b^2 + 1)w^2 + (a^2 + b^2 + 1)y^2
\end{aligned}$$

に等しいことがわかる．第1項は m で割り切れる．そして補題8.2のおかげで，続く2項もまた m で割り切れる．ゆえに，x, y, z, w のすべての値に対

して,

$$\mathbb{X}^2+\mathbb{Y}^2+\mathbb{Z}^2+\mathbb{W}^2=km \tag{8.12}$$

となる．ここで，k はある整数である．

0 以外に,

$$\mathbb{X}^2+\mathbb{Y}^2+\mathbb{Z}^2+\mathbb{W}^2<2m \tag{8.13}$$

となる格子点が存在することを証明できたと仮定する．そのとき，(8.12) から,

$$\mathbb{X}^2+\mathbb{Y}^2+\mathbb{Z}^2+\mathbb{W}^2=m$$

となるような整数で，すべてが 0 ではないものが存在しなければならない．これは，奇数 m に対するラグランジュの定理の証明を与える．これが我々がこれからしようとしていることであり，そのためにミンコフスキーの幾何学的観点を利用する．

不等式 (8.13) は 4 次元における半径 $\sqrt{2m}$ の球を表している．半径 r の 4 次元球の体積は，積分によって,

$$\frac{1}{2}\pi^2r^4=\frac{1}{2}\pi^2(2m)^2$$

であると示される．n 次元におけるミンコフスキーの基本定理の一般形（定理 5.3）によって，この球の体積が $2^4\Delta=2^4m^2$ より大きいことを示せば十分である．記号で書けば,

$$\frac{1}{2}\pi^2(2m)^2>2^4m^2$$

を示さなければならない．この式は $\pi^2>8$ という正しい不等式に簡略化される．

以上で任意の正の奇数 m に対するラグランジュの定理が証明された．結果はすぐに偶数に拡張できる．というのは,

$$m=\mathbb{X}^2+\mathbb{Y}^2+\mathbb{Z}^2+\mathbb{W}^2$$

とすると,

$$2m=(\mathbb{X}+\mathbb{Y})^2+(\mathbb{X}-\mathbb{Y})^2+(\mathbb{Z}+\mathbb{W})^2+(\mathbb{Z}-\mathbb{W})^2.$$

となるからである. ∎

証明なしにもう一つの定理を述べることによって，この議論を終えることにする.

定理 8.4　正の整数 n の四つの平方数の和としての表現の総数は，順序と符号のみ異なる表現を別のものとして数えると，n の 4 の倍数ではない約数の和を 8 倍したものである.

4.3 節の記法を真似て，

$$R_4(n) = R(n = p^2 + q^2 + r^2 + s^2)$$

と，4 平方数の和とした n の異なる表現の個数を書く．このとき，定理 8.4 は定理 4.4 の拡張であり，記号では

$$R_4(n) = 8 \sum_{\substack{d \mid n \\ 4 \nmid d}} d$$

と書く．説明のために

$$6 = (\pm 2)^2 + (\pm 1)^2 + (\pm 1)^2 + 0^2$$

に注目しよう．この順番に平方数を並べるとき，$2^3 = 8$ 通りの符号の可能な選択がある．さらに，四つの場所への (± 1) の可能な置き方は $\binom{4}{2} = 6$ 通りで，続いて各々について残った二つの場所への 0 と (± 2) の可能な置き方が 2 通りである．ゆえに，4 平方数の和として $8 \cdot 6 \cdot 2$ 通りの表現がある．一方，6 の約数 d は $d = 1, 2, 3, 6$ であり，

$$R_4(6) = 8 \sum_{\substack{d \mid 6 \\ 4 \nmid d}} d = 8(1 + 2 + 3 + 6) = 96$$

であることが確かめられる.

引用文献

1. H. F. Blichfeldt, "A New Principle in the Geometry of Numbers with Some Applications," *Transactions of the AMS* 15:3 (July 1914): 227–35.
2. ________, "The Minimum Values of Positive Quadratic Forms in Six, Seven, and Eight Variables," *Mathematische Zeitschrift* 39 (1934): 1–15.
3. Harold Davenport, "The Geometry of Numbers," *Math. Gazette* 31 (1947): 206–10.
4. ________, *The Higher Arithmetic* (New York: Dover, 1983), 124.
5. L. E. Dickson, Preface to *History of the Theory of Numbers, Vol. II: Diophantine Analysis* (Washington, D.C.: Carnegie Institute, 1920), x.
6. ________, *History of the Theory of Numbers, Vol. III: Quadratic and Higher Forms* (Washington, D.C.: Carnegie Institute, 1923).
7. C. F. Gauss, *Werke* (Göttingen: Gesellschaft der Wissenschaften, 1863–1933).
8. J. H. Grace, "The Four Square Theorem," *Journal of the London Mathematical Society* 2 (1927): 3–8.
9. Charles Hermite, "Lettres de Hermite à M. Jacobi," *J. reine angew. Math.* 40 (1850): 261–315.
10. ________, *Comptes Rendus Paris* 37 (1853).
11. ________, *J. reine angew. Math.* 47 (1854): 343–5, 364–8.
12. ________, *Oeuvres*, Vol. I (Paris: E. Picard, 1905), 288.
13. David Hilbert and S. Cohn-Vossen, *Geometry and the Imagination*, P. Nemenyi による翻訳 (New York: Chelsea, 1952).
14. A. Hurwitz, "Über die angenäherte Darstellung der Irrationalzahlen durch rationale Brüche," *Mathematische Annalen* 39 (1891): 279–84.
15. A. Korkine and E. I. Zolotareff, "Sur les formes quadratiques positives quaternaires," *Mathematische Annalen* 5 (1872): 581–3.
16. ________, "Sur les formes quadratiques," *Mathematische Annalen* 6 (1873): 366–89.
17. ________, "Sur les formes quadratiques positives," *Mathematische Annalen* 11 (1877):242–92.
18. Hermann Minkowski, "Über die positiven quadratischen Formen un über kettenbruchähnliche Algorithm," *J. reine agnew. Math.* 107 (1891): 209–12.

第9章
数の幾何学における新しい法則

9.1　ブリッヒフェルトの定理

1891年頃，ヘルマン・ミンコフスキーは基本定理を発見した，それは彼が**数の幾何学**と名付けた新しい研究分野を切り開くものであった．彼の定理とその一般化を使って，ミンコフスキーは数論の多くの難解な問題を解くことができた．第6章で，ミンコフスキーの定理のいくぶん易しい応用をいくつか考察した．

ミンコフスキーの革新的な仕事が巻き起こした興奮にもかかわらず，数の幾何学における新しい法則が発見されるまでに15年かかった．新発見は，ハンス・フレデリック・ブリッヒフェルト (Hans Frederik Blichfeldt) の功績だ．彼が1914年に発表した定理からは，数の幾何学の大部分が従う．一度述べればこの定理はほとんど直観的には明らかに見えるが，それでもブリッヒフェルトや彼の後継者たちはこれによってミンコフスキーの最初の定理では達成できなかった結果の証明を得ることができた．附録IIIにはミンコフスキーの伝記に交えて，ブリッヒフェルトの短い伝記も収録した．

本章ではブリッヒフェルトの定理を導入する．簡単のため，ブリッヒフェルトによる一般化された n 次元空間 $\mathbb{R}^n$ ではなく，2次元空間 $\mathbb{R}^2$ に関して説明することにしよう．ブリッヒフェルトの定理を証明した後で，ミンコフスキーの M 集合を用いるいくつかの事柄を考察する．

まず，いくつかの概念を定義する必要がある．**移動** (translating) と呼ばれるプロセスは，平面図形を異なる原点を持つ新しい座標軸に移すことを意味し，それによって格子点が新しい座標を持つ．移された構造物は元のサイズと形を保つが，そのとき要求に応じて拡大したり縮小したりできる．原点の周りの軸の**回転**は，軸を新しい直線に，角度を保ちながら移すことを意味する．**平行移動**とは単に軸の回転のない移動のことであり，すなわち元の方向が保たれている．最後に，3.3 節と同様に，点集合が内側かその境界に格子点を含むならば，点集合は格子点を**覆う**という．

定理 9.1（ブリッヒフェルトの定理）　2 次元集合 C の面積 A が整数 n より大きいならば，平行移動によって，少なくとも $(n+1)$ 個の Λ の格子点を覆うように C を作ることができる．

定理より，C が面積 $A=n$ を持つとすると，移動によって，C は n 個の格子点を覆うように作ることができると直ちに言える．

9.2　ブリッヒフェルトの定理の証明

ブリッヒフェルトの定理を，平面領域を薄く切ったり，積み重ねたり，穴を開けたりする——もちろん比喩的にである——幾何学的分析によって証明していこう．

C を任意の平面領域あるいは点集合で，点格子 Λ 上のどこかに位置するものとする．C が凸であることも，また中心対称であるということも仮定する必要はない．格子 Λ による正方形は，C をパーツ $C_1, C_2, \ldots, C_k$ に分けており，各々は対応する正方形 $R_1, R_2, \ldots, R_k$ の中にある．図 9.1a は集合 C を簡略化したものを描いており，ここで 1 から 5 は，集合 $C_1, C_2, \ldots,$ C_5 に対応している．

さて，他の遠くにある Λ の任意の正方形 R を選んで，平行移動によって各正方形 R_i をその上に移動する．これらの正方形の隣接したパーツ $C_1, C_2,$ $\ldots, C_5$ は，図 9.1b に示されているように，R の合同な部分に変換されている．これらの正方形は，正方形 R 上に重ねられているように考えられる．

さらに進む前に，次の補題が必要である．

補題 9.1　正方形 R は，パーツ $C_1, C_2, \ldots, C_k$ によって少なくとも $n+1$ 回

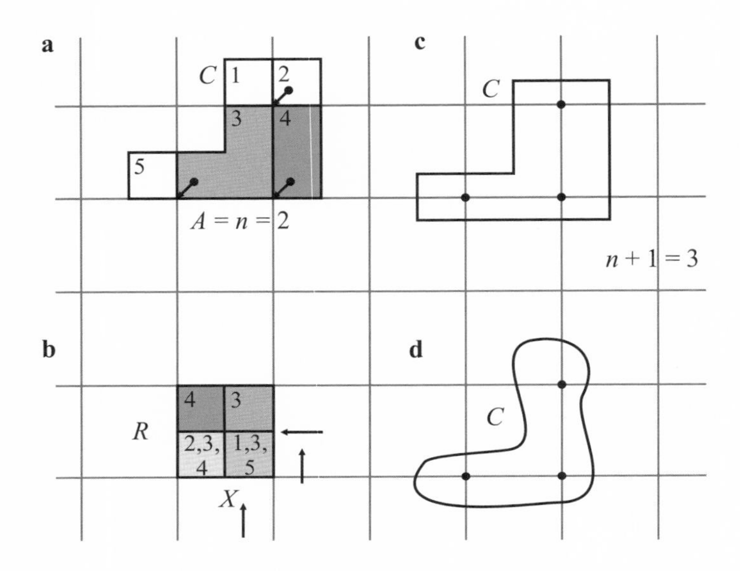

図9.1: ブリッヒフェルトの定理を証明する.

覆われた点 X を，少なくとも一つ含む.

補題9.1の証明　正方形 R の各点が，パーツ $C_1, C_2, \ldots, C_k$ によって高々 n 回しか覆われないと仮定する．そのとき，これらのパーツの結合された面積は n を超えることはあり得ない．したがって，結合された $C_1, C_2, \ldots,$ C_k の面積は，C の中の元の位置に移されたとき n を超えることはない．しかし，これは C の面積が $A > n$ であるという仮定に矛盾する．ゆえに，R は集合 C_i によって，少なくとも $(n+1)$ 回覆われる点 X を，少なくとも一つ持たなければならない．よって補題は証明された.　■

ブリッヒフェルトの定理の証明の次の段階のために，R 上のこれらの $(n+1)$ 個の集合（または層）に針を突き刺すことを想像しよう．各集合は今その中に小さな穴を持ち，すべての穴は正方形 R に対して相対的に同じ位置にあるはずである．R の中のすべての正方形を C の中の元の位置に戻すように移動するとき，何が起こるだろうか．明らかに，R の中にあったときのように，針穴はまだそれらの個々の正方形に対して相対的に同じ位置を

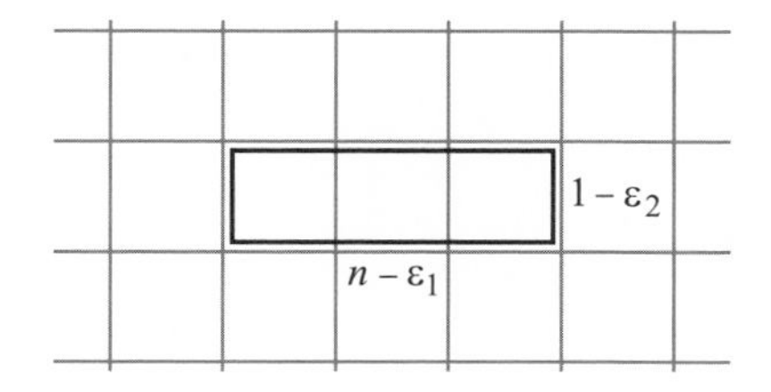

図 9.2: n より小さいが，n に任意に近い面積を持つ集合 C.

保っている．ゆえに，任意の針穴を格子点を覆うように移す移動は，他の針穴もまた格子点を覆うように移さなければならない．

図 9.1b から図 9.1a に戻すように移された“針穴”を調べてみよう．C を少し左下にずらすことにより図 9.1c になり，針穴は格子点を覆う．C の中に少なくとも $(n+1)$ 個の針穴があるので，移動は C を動かす必要があり，そのため少なくとも $(n+1)$ 個の格子点を覆う．これで定理 9.1 が証明された．

この説明では，わかりやすくするために長方形を使った．もちろん，図 9.1d のようなどんな集合に対しても同じ証明が通用する．

9.3　ブリッヒフェルトの定理の一般化

もっと一般的な定理を証明なしで述べよう．

定理 9.2　面積 A を持つ有界な点集合 C は，A より大きい個数の格子点を覆うように，Λ 上に移動できる．

定理 9.2 は，特別な C 集合を除けば最良のものである．何故かわかるだろうか？　図 9.2 の，x 軸と y 軸に平行で，寸法が $n-\epsilon_1$ と $1-\epsilon_2$ である 2 辺を持つ長方形を考えよう．ここで n は正の整数で，ϵ_1 と ϵ_2 は好きなだけ小さくとることができる正の数である．C の面積は $(n-\epsilon_1)(1-\epsilon_2)=n-\epsilon$ であり，ここで，$\epsilon_1\to 0, \epsilon_2\to 0$ のとき，$\epsilon\to 0$ である．ゆえに，$n-1<A<n$ である．定理 9.1 によって，n 個以上の格子点を含むまで C を移動することができる．しかしながら，図が示すように n より多くの格子点を含むことはできない．これは，$[A]+1$ より多くの格子点を覆わない集合 C を構成した

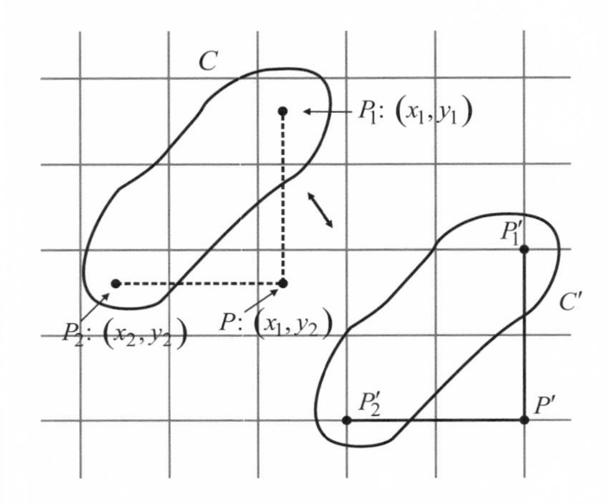

図 9.3: C の C' への移動とその逆.

という意味で，定理 9.2 が最良であることを証明している．それゆえに，その下限は増えることがない．

定理 9.1 と 9.2 の両方とも，1914 年のブリッヒフェルトの一般定理の特別な場合となっている．ブリッヒフェルトは n 次元空間 $\mathbb{R}^n$ を扱っただけでなく，$\mathbb{R}^n$ におけるもっと一般的な格子点の定義を用いた．今日，ブリッヒフェルトの定理はたびたび，**"差点"** の概念を用いて，次の形で述べられる．

定理 9.3　C を面積が 1 を超える $\mathbb{R}^2$ 上の有界な点集合とする．そのとき，"差点" $(x_1 - x_2, y_1 - y_2)$ が整数座標を持つような，$P_1 : (x_1, y_1)$, $P_2 : (x_2, y_2)$ の 2 点が C 内に少なくとも 1 組存在する．

証明　Λ 上のどこかに C をとる．ブリッヒフェルトの定理より，少なくとも二つの格子点（P_1', P_2' と呼ぼう）を覆うような新しい場所 C' に C を移動することができる．図 9.3 を参照せよ．$|\overline{P_2'P'}|$ と $|\overline{P'P_1'}|$ の長さは整数で，それぞれ $|\overline{P_2P}|$ と $|\overline{PP_1}|$ の長さに等しいことに気づこう．それゆえに，C' が C に戻る移動がされたとき，$x_2 - x_1$ と $y_2 - y_1$ もまたともに整数である．■

9.4　ミンコフスキーの定理再び

定理 9.1 の集合 C がミンコフスキーの M 集合，すなわち，その対称性の中心である点 O に関して対称な凸である点集合であることを仮定しよう．このとき，ミンコフスキーの基本定理はブリッヒフェルトの定理から得られる．その様子を見るために，再びミンコフスキーの定理を述べて，ブリッヒフェルトの結果を用いてそれを証明しよう．

定理 9.4（ミンコフスキー）　M が 4 より大きい面積を持つ有界で対称な凸集合であれば，原点の他に格子点を少なくとも一つ含む．

証明　O を中心に持つミンコフスキーの M 集合から始め，相似性を保ったまま，その面積が $1+\epsilon$ に等しくなるまで縮小する．ここで，ϵ は，後で明示するが，正の数である．定理 9.1 より，この集合は，二つ（あるいはそれ以上）の格子点 P_1 と P_2 を覆うような場所 M' へと移動できる．図 9.4 を参照せよ．

O' を，この移動をした後の M' の対称性の中心とし，P_1' および P_2' は，P_1 および P_2 と O' に関して対称な点であるとする．M' の凸性により，平行四辺形 $P_1P_2P_1'P_2'$ は M' とその境界によって定義された点集合の中に完全に含まれるだろう．

さて，O' を通り，P_1P_2 に平行な直線 L' を引き，点 Q_1, Q_2 で M' の境界にぶつかるとする．P_1 と P_2 は格子点だから，それらの座標 $(p_1, q_1), (p_2, q_2)$ は整数である．ゆえに，L' は有理数の傾き $\dfrac{q_2 - q_1}{p_2 - p_1}$ を持つ直線である．明らかに，M' の凸性によって，四角形 $Q_1Q_2P_2P_1$ は M に含まれ，そのため線分 $\overline{Q_1Q_2}$ は $\overline{P_1P_2}$ 以上の長さを持つ．すなわち，

$$|\overline{Q_1Q_2}| \geq |\overline{P_1P_2}| = \sqrt{(p_2 - p_1)^2 + (q_2 - q_1)^2}$$

となる．

次に，再度対称性を保ったまま，M' の寸法を 2 倍になるまで拡大する．これより，$4(1+\epsilon) = 4 + 4\epsilon$ の面積を持つ集合 M'' が与えられる．この拡大によって P_1, P_2 が P_1'', P_2'' に，Q_1, Q_2 が Q_1'', Q_2'' に移ったとすると，線

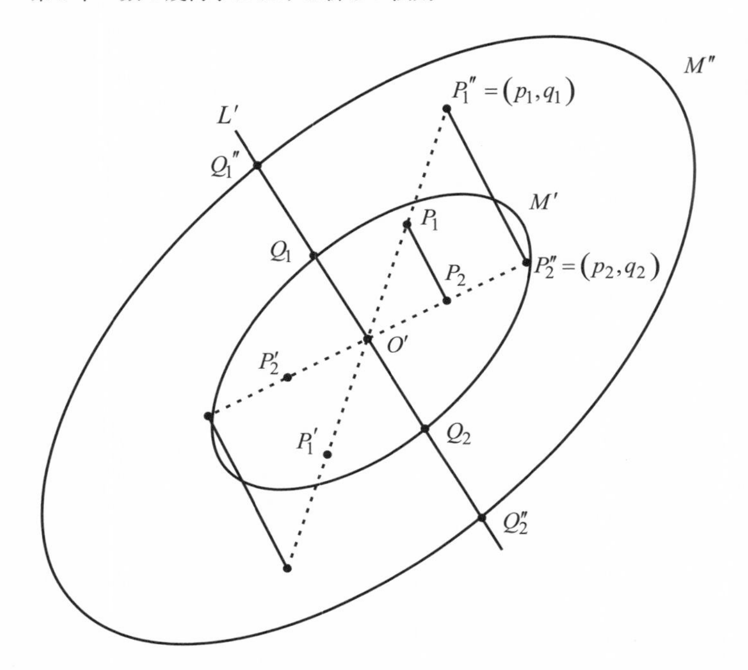

図 9.4: M の M' への縮小と移動，M'' への拡大.

分 $\overline{Q_1Q_2}$ および $\overline{P_1P_2}$ もまた，拡大された線分 $\overline{Q_1''Q_2''}$ および $\overline{P_1''P_2''}$ を作るために長さが2倍となる．ここで，Q_1'', Q_2'' は M'' の境界上にあり，P_1'', P_2'' は M'' の内側か境界上にある．さらに，M が4より大きな面積を持ち，かつ M'' に相似であるので，中心が O' になるように M を移動して，それが M'' を含むように ϵ を選ぶことができる．

そこで，M'' を元の場所に戻るように移動する．そうすることにより，対称性の中心 O' は原点 O に戻り，直線 L' は原点を通る直線

$$L : y = \frac{q_2 - q_1}{p_2 - p_1}x$$

に移される．移された線分 $\overline{Q_1''Q_2''}$ 上に少なくとも二つの格子点があることを主張する．実際，直線 L 上の原点に最も近い格子点が点 $\pm(p_2 - p_1, q_2 - q_1)$ にあることがわかる．しかしこれらの各点は，原点からの距離が

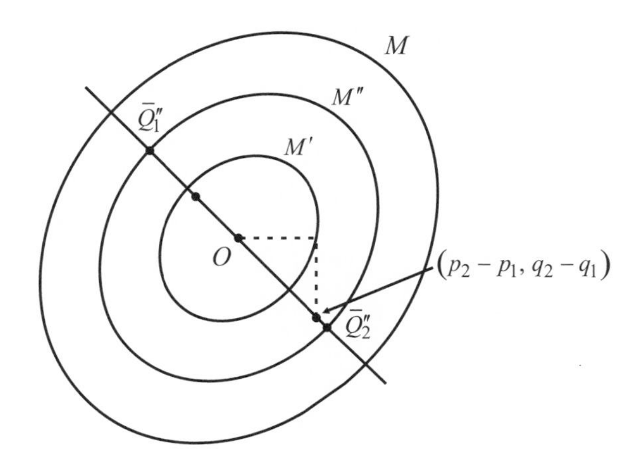

図 9.5: M 集合の再移動.

$$\sqrt{(p_2 - p_1)^2 + (q_2 - q_1)^2} \leq |\overline{Q_1 Q_2}| = |\overline{OQ_1''}| = |\overline{OQ_2''}|$$

の位置にある．ゆえに，これらの格子点はどちらも M'' の中にある．

さて，前よりももっと具体的に言うと，元の集合 M は 4 より大きい面積を持つので，$A_M = 4 + \delta$ と書こう．$\epsilon < \dfrac{\delta}{4}$ を選ぶと，$A_{M''} < A_M$ となる．ゆえに $M'' \subset M$ となり，定理の主張が証明された．図 9.5 を参照せよ．■

9.5　ブリッヒフェルトの定理の応用

ブリッヒフェルトの移動による議論を利用することによって，次の例が示すように，ミンコフスキーの定理の多くに光が当てられる．

定理 9.5　原点を中心とするミンコフスキーの M 集合が面積 $4A$ を持つとする．このとき，M 集合は原点以外に $[A]-1$ より多くの格子点の組を含む．

証明　面積 A のミンコフスキー M 集合が与えられたと仮定する．$n-1 < A \leq n$ とする．このとき，移動によって，$n\ (> A)$ 個の格子点を M 集合が覆うようにできる．もう一度移動することにより，これらの格子点のうちの

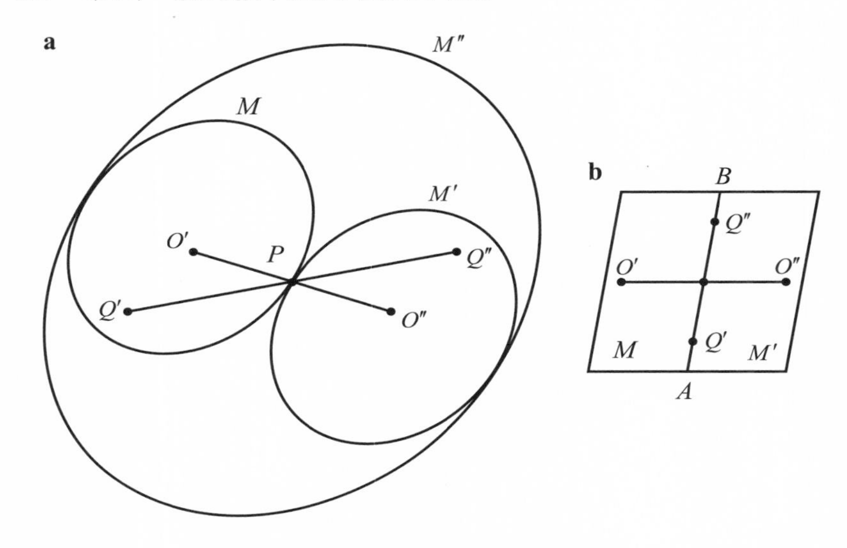

図 9.6: 移動において対応する格子点.

一つ（P と呼ぼう）が M の境界上に来るようにできる．移動された集合の中心を O' とし，直線 $O'P$ を O'' まで延長して $O'P = PO''$ となるようにしよう．それから，M に等しく，同様に置かれているが，対称の中心として O'' を持つ M 集合 M' を構成する．図 9.6a を参照せよ．

明らかに，P は M' の境界上にある．さらに，M のどの格子点に対しても，$Q'P = PQ''$ となるような，M'' 内の対応する格子点 Q'' が存在する．一般に，直線 $Q'PQ''$ が M と M' の共通の境界でない限り，Q'' は M に属さない．

この最後に述べた状況を無視すれば，M と M' によって覆われる $2(n-1)+1 = 2n-1$ 個の格子点が数えられる．さて，M を O' が P と一致するように移動し，さらにそれを拡大して，寸法が M の 2 倍になるようにする．この新しい集合 M'' は面積 $4A$ を持ち，上に述べた P を含む $(2n-1)$ 個の格子点を覆っている．ゆえに，$n > A$ なら，P に加えて $(n-1)$ 個の格子点の組が M'' によって覆われている．M'' を O に戻るように単に移動することにより，定理は証明される．

M' と M が共通の境界 AB を持つ場合はどうなるか？　図 9.6b を参照せ

よ．この共通線に沿って，Q' を AB の端，例えば A に最も近い格子点としよう．そのとき，単に上の議論中の P の代わりに Q' をとれば，同じ結論が導かれる． ■

ブリッヒフェルトの 1914 年の定理が，ミンコフスキーの結果への単なる踏み台をはるかに超えたものであることを強調しておく．実際に，ブリッヒフェルト自身による彼の定理の応用は多い．しかしながら，それらはまた読むのが難しいものだ．すでに自由選択の 8.4 節において，一つの重要な応用を参照していた．今，次の形でその応用を再び述べておこう．

定理 9.6 f を，行列式 $d > 0$ である正定値二次形式であるとしよう．そのとき，$f(l_1, l_2, \ldots, l_n)$ が

$$\frac{2}{\pi}\left[\Gamma\left(1+\frac{n+2}{2}\right)\right]^{\frac{2}{n}} d^{\frac{1}{n}}$$

以下であるような，すべてが 0 ではない整数 $l_1, l_2, \ldots, l_n$ が存在する．ここで，Γ は通常のガンマ関数である．

ブリッヒフェルトは，二次形式の最小値に関する，長期にわたる一連の研究を行い，ついには彼の有名な論文，"The Minimum Values of Positive Quadratic Forms in Six, Seven, and Eight Variables" (*Math. Zeit.*, Vol. 39, 1934, pp. 1–15) に至った．彼の研究は，ミンコフスキーのものに加えて多くの新しい道を見渡せる高い地点にあり，それ自体が歴史的な偉業であることを示している．

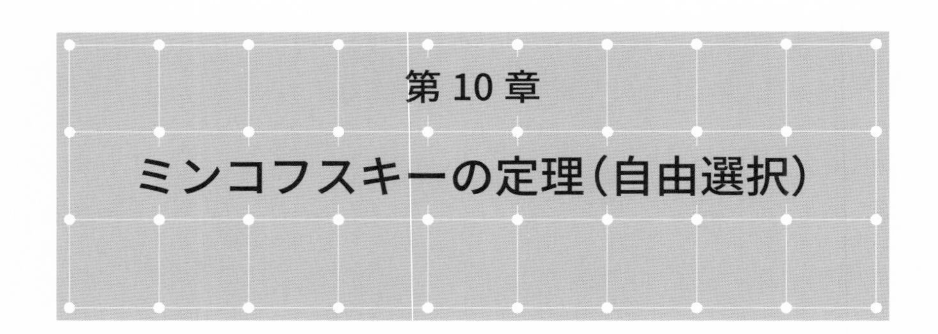

第 10 章 ミンコフスキーの定理(自由選択)

10.1 問題の略歴

1866 年に，ロシアの偉大な数学者の一人であるパフヌーティ・リヴォーヴィッチ・チェビシェフ (Pafnuty Livovich Tchebychev; 1821–1892) が，次の定理を証明した.

定理 10.1 θ を無理数として，α を等式 $x - \theta y - \alpha = 0$ が整数解 p, q を持たない任意の実数と仮定する．そのとき，与えられた任意の正の数 ϵ に対して，

$$|q(p - \theta q - \alpha)| < 2 \tag{10.1}$$

であり，同時に $|p - \theta q - \alpha| < \epsilon$ であるような，無限に多くの整数 p, q の組が存在する.

チェビシェフの証明は 40 頁に及ぶ長いものであり [7]，純粋に算術的で，連分数を広範囲にわたって利用している．Hermite [3] は 1879 年に，(10.1) の定数 2 が $\frac{1}{2}$ に置き換えられること，そしてそれどころか $\sqrt{\frac{2}{27}}$ によって置き換えられることを証明した．彼もまた純粋に算術的な方法を使った．この状況は 1901 年まで変わらなかった．この年，ミンコフスキーは次の定理を証明するために彼の新しい幾何学的な方法を用いた.

定理 10.2 θ が無理数で，α が整数ではない任意の実数で，$x - \theta y - \alpha = 0$ が整数解を持たないならば，任意に与えられた正の数 ϵ に対して，

$$|q(p-\theta q-\alpha)|<\frac{1}{4}$$

であり，同時に $|p-\theta q-\alpha|<\epsilon$ であるような無限に多くの整数 p, q の組が存在する．

10.2　ミンコフスキーの定理の証明

以下に述べられている定理 10.2 の証明は，ブリッヒフェルトによるもので，1936 年に一連の講義ノートで与えられた．その第一の工夫は，非同次線形形式 $x-\theta y-\alpha$ を第三の変数 z を導入して同次形式 $x-\theta y-\alpha z$ に置き換え，あとで $z=1$ となるように条件を固定することである．第二の工夫は，正の媒介変数 t を導入することである．

通常の x, y, z 座標系において，六つの平面によって囲まれた角柱 κ_t

$$\kappa_t : \begin{array}{l} |x-\theta y-\alpha z|+t|y|=\sqrt{t}, \\ |z|=2 \end{array} \tag{10.2}$$

を，t を自由に使える正の媒介変数として考えよう．最初に t を

$$\sqrt{t}<\min\{\epsilon,\ \alpha-[\alpha],\ 1-\alpha+[\alpha]\}$$

となるようにとる．ここで，$[\alpha]$ は再び α 以下の最大の整数を表す．このとき，$\sqrt{t}<\dfrac{1}{2}$ である．明らかに，角柱 κ_t は 3 次元空間におけるミンコフスキーの M 集合である．

(10.2) の六つの平面は，平行な平面の三つの組

$$\begin{cases} x+(t-\theta)y-\alpha z+\sqrt{t}=0, \\ x+(t-\theta)y-\alpha z-\sqrt{t}=0, \end{cases}$$

$$\begin{cases} x+(-t-\theta)y-\alpha z+\sqrt{t}=0, \\ x+(-t-\theta)y-\alpha z-\sqrt{t}=0, \end{cases} \tag{10.3}$$

$$\begin{cases} z+2=0, \\ z-2=0. \end{cases}$$

に整理することができる．

立体解析幾何学は，二つずつ平行になっている六つの平面によって囲まれた角柱の体積の公式を与えている．これらの平面の等式を

$$\begin{cases} a_1x+b_1y+c_1z+d_1=0, \\ a_1x+b_1y+c_1z+d_2=0, \end{cases}$$

$$\begin{cases} a_2x+b_2y+c_2z+e_1=0, \\ a_2x+b_2y+c_2z+e_2=0, \end{cases}$$

$$\begin{cases} a_3x+b_3y+c_3z+f_1=0, \\ a_3x+b_3y+c_3z+f_2=0. \end{cases}$$

としよう．このとき，この角柱の体積は $|\nabla|$ である．ここで

$$\nabla = -\frac{(d_1-d_2)(e_1-e_2)(f_1-f_2)}{\begin{vmatrix} a_1 & b_1 & c_1 \\ a_2 & b_2 & c_2 \\ a_3 & b_3 & c_3 \end{vmatrix}} \tag{10.4}$$

である（これを導くには，ベクトル解析を使うのが最も良い）．(10.3) の六角柱に公式 (10.4) を用いると，

$$\nabla_t = -\frac{(2\sqrt{t})(2\sqrt{t})(4)}{\begin{vmatrix} 1 & t-\theta & -\alpha \\ 1 & -t-\theta & -\alpha \\ 0 & 0 & 1 \end{vmatrix}} = \frac{-16t}{\begin{vmatrix} 1 & t-\theta \\ 1 & -t-\theta \end{vmatrix}} = \frac{-16t}{-2t} = 8 \tag{10.5}$$

を得る．(10.5) の分母の行列式は，第3行の成分で展開されたことに注意しよう．

$\nabla_t = 2^3$ だから，ミンコフスキーの基本定理は，0 でない格子点の少なくとも一組 $P_1 : (p_1, q_1, r_1)$ と $P_{-1} : (-p_1, -q_1, -r_1)$ が κ_t の内側かその表面上になければならないことを主張している．明らかに，κ_t が平面 $z = 2$ と $z = -2$ によって上下に囲まれているので，r_1 がとり得る整数値は $r_1 = \pm 2$, $\pm 1, 0$ である．

この状況で，$|r_1| = 0$ か 1 であるように調整できることを示すのは重要である．この目的を達成するために，κ の寸法を，z 軸に沿ってわずかに，均一に縮小して，一方で同時に，体積を 8 に保つように他の座標軸に沿った寸法を増やすとしよう．

そこで，六つの平面，

$$\begin{cases} x + (t-\theta)y - \alpha z + \sqrt{t}(1+h) = 0, \\ x + (t-\theta)y - \alpha z - \sqrt{t}(1+h) = 0, \end{cases}$$

$$\begin{cases} x + (-t-\theta)y - \alpha z + \sqrt{t}(1+h) = 0, \\ x + (-t-\theta)y - \alpha z - \sqrt{t}(1+h) = 0, \end{cases}$$

$$\begin{cases} z + \dfrac{2}{(1+h)^2} = 0, \\ z - \dfrac{2}{(1+h)^2} = 0 \end{cases}$$

によって囲まれた角柱 κ_h を考える．

再度，公式 (10.4) から κ_h の体積 ∇_h は

$$\nabla_h = -\frac{(1+h)^2(2\sqrt{t})(2\sqrt{t})\dfrac{4}{(1+h)^2}}{\begin{vmatrix} 1 & t-\theta & -\alpha \\ 1 & -t-\theta & -\alpha \\ 0 & 0 & 1 \end{vmatrix}} = 8$$

であることがわかる．ゆえに，κ_h の内側か表面上に，格子点 $P_2 : (p_2, q_2, r_2)$ と $P_{-2} : (-p_2, -q_2, -r_2)$ の組が少なくとも一つ存在する．そしてそのような点に対して，$|r_2| = 0$ か 1 である．

$0 < h < 1$ である任意の h の値に対して，κ_h の内側か表面上にある格子点の総数は有限である．ここで，$h \to 0$，すなわち $\kappa_h \to \kappa_t$ という極限を考える．そのとき，極限において二者択一の可能性がある．

1. $|r_2| = 0$ か 1 で，κ_t の表面上か内部にある格子点の組が少なくとも 1 組存在する．
2. κ_g が $|r_2| = 0$ か 1 である格子点を 1 組含むだけでなく，後に続くすべての h の値（ここで $g > h > 0$）に対して $|r_2| = 0$ か 1 で κ_h の内側にある格子点がないような，$h = g > 0$ である h の値に達する．

明らかに第二の状況は不可能である．というのは，各々の角柱 κ_h は体積 8 を持ち，0 でない格子点を含まなければならず，これらの格子点においては，$|r_2|$ のとり得る値は 0 か 1 でなければならないからである．

角柱 κ_t に戻って，任意の t の値に対して，$|r_1| = 0$ か 1 である格子点 P_1 と P_{-1} の 1 組を持つことを仮定することができる．

まず，与えられた t に対して，$|r_1| = 0$ として，格子点の一組 $P_1 : (p_1, q_1, 0)$ と $P_{-1} : (-p_1, -q_1, 0)$ を仮定しよう．点 P_1 は平行四辺形 Q_t の内側か周上にあるだろう．それらの辺は，(10.3) から 2 組の平行線 (a), (b) と (c), (d) によって与えられている．ここで，

$$
\begin{aligned}
(a):&\quad x + (t-\theta)y - \sqrt{t} = 0,\\
(b):&\quad x + (t-\theta)y + \sqrt{t} = 0,\\
(c):&\quad x + (-t-\theta)y - \sqrt{t} = 0,\\
(d):&\quad x + (-t-\theta)y + \sqrt{t} = 0.
\end{aligned}
\tag{10.6}
$$

である．

こうして作られた平行四辺形は図 10.1 のような形になっている．

直線 (a) と (c) は $L : (\sqrt{t}, 0)$ で交わり，直線 (a) と (d) は $M : (\theta/\sqrt{t}, 1/\sqrt{t})$ で交わる．平行四辺形 Q_t は，直線 $y = 0$ と $x - \theta y = 0$ の上に**固定された**対角線を持つ．その面積 A は，三角形 LMM_{-1} の 2 倍である．すなわち，

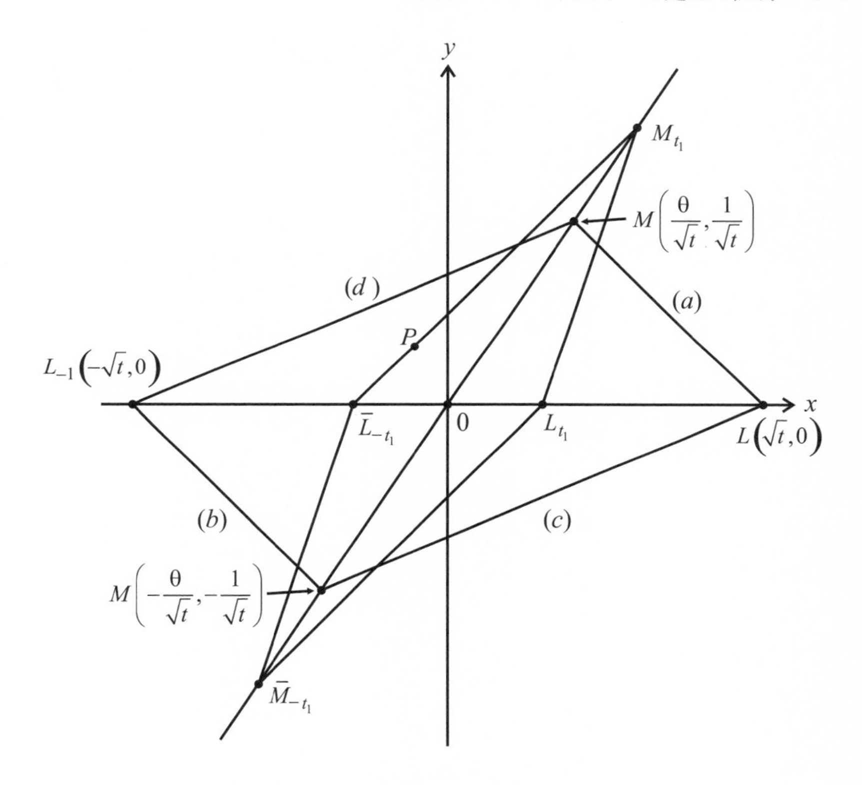

図 10.1: $z = 0$ 平面.

$$
\begin{aligned}
A &= 2 \cdot \frac{1}{2} \begin{vmatrix} \sqrt{t} & 0 & 1 \\ \frac{\theta}{\sqrt{t}} & \frac{1}{\sqrt{t}} & 1 \\ -\frac{\theta}{\sqrt{t}} & -\frac{1}{\sqrt{t}} & 1 \end{vmatrix} = \sqrt{t} \begin{vmatrix} \frac{1}{\sqrt{t}} & 1 \\ -\frac{1}{\sqrt{t}} & 1 \end{vmatrix} + \begin{vmatrix} \frac{\theta}{\sqrt{t}} & \frac{1}{\sqrt{t}} \\ -\frac{\theta}{\sqrt{t}} & -\frac{1}{\sqrt{t}} \end{vmatrix} \\
&= \left(\sqrt{t}\right) \left(\frac{2}{\sqrt{t}}\right) + 0 \\
&= 2
\end{aligned}
$$

である.

点 P_1 は対角線 $x - \theta y = 0$ 上にはあり得ない. というのは, もしそうなら

$p_1 - \theta q_1 = 0$，すなわち $\theta = \dfrac{p_1}{q_1}$ で有理数となるが，θ は無理数であるので，これは不可能である．さらに，$\sqrt{t} < \dfrac{1}{2}$ であるので，原点は $y = 0$ を通る対角線上の唯一の格子点である．

さて，t の値を徐々に減少させてみよう．点 M と M_{-1} は対角線 $x - \theta y = 0$ に沿って離れ，一方で L と L_{-1} は原点 $(0,0)$ に向かって動くだろう．最終的には，$Q_{t_1} = L_{t_1}M_{t_1}L_{-t_1}M_{-t_1}$ の一辺上に P_1 がのる値 $t = t_1$ に達する．さらに t を減少させると，P_1 は Q_t の外に出ることになるだろう．

Q_{t_1} の内側か辺上に，異なる格子点の組を二つ持つことはできない．さもなければ，その面積は，Q_{t_1} の頂点がそれらの格子点である場合を除いて，2 より大きくなってしまう．しかし，$x - \theta y = 0$ の上にも $y = 0$ の上にも O でない格子点を持ち得ないことを今しがた証明したばかりだ．

さて，この幾何学的証明の極めて重要な部分に差しかかった．$t = t_1$ に対して，Q_{t_1} の一辺上に格子点 P_1 があると仮定しよう．t を，$t = t_1$ から $t = t_1 - \beta$（ここで $\beta > 0$）まで，さらに減少させる間，$Q_{t_1 - \beta}$ の中には $(0,0)$ 以外の格子点はないだろう．ゆえに，t を減少させている間に，$|r_1| = 1$ である角柱 $\kappa_{t_1 - \beta}$ の中に格子点が存在しなければならない．そのような格子点は有限個しか存在しないから，そのような点は，$t_1 - \beta$ から $t_1 - \gamma$（ここで $\gamma > \beta > 0$）まで t を有限に減少させる間，$\kappa_{t_1 - \gamma}$ の表面上か内側に，少なくとも一つ存在する．

そのようにして，$t_1 - \beta < t < t_1 - \gamma$ を満たす t のある値に対して，

$$|p - \theta q - \alpha| + t|q| < \sqrt{t} \tag{10.7}$$

であるような格子点 $P : (p, q, 1)$ が少なくとも一つ存在しなければならない．しかしながら，

$$\sqrt{|a||b|} \leq \frac{1}{2}\{|a| + |b|\}$$

である．ゆえに，

$$\sqrt{t\,|p - \theta q - \alpha| \cdot |q|} \leq \frac{|p - \theta q - \alpha| + t|q|}{2} < \frac{\sqrt{t}}{2}$$

であり，両辺を2乗して，

$$|p-\theta q-\alpha|\cdot|q|<\frac{1}{4} \tag{10.8}$$

となる．同時に，(10.7) と $\sqrt{t}$ の範囲から，

$$0<|p-\theta q-\alpha|<\sqrt{t}<\epsilon \tag{10.9}$$

となる．ϵ は任意に小さくとることができ，任意の整数 p,q に対して $p-\theta q-\alpha\neq 0$ と仮定したのだから，(10.9)，そしてそれゆえに (10.8) は，無限個の整数の組 (p_ϵ,q_ϵ) に対して成り立つ．

さらに，(10.7) で $q=0$ とすると，$|p-\alpha|<\sqrt{t}$ となる．α は整数ではないので，p は二つの整数 $[\alpha]$ か $[\alpha]+1$ の一方より α に近くなることはできない．よって，

$$|p-\alpha|\geq\alpha-[\alpha],$$

または，

$$|p-\alpha|\geq[\alpha]+1-\alpha$$

となる．しかし，$\sqrt{t}<\min\{\epsilon,\alpha-[\alpha],[\alpha]+1-\alpha\}$ と仮定したので，この矛盾により，$q\neq 0$ であることが証明された．

最後に，(10.6) によって与えられた四角形 Q_t の中に原点 $(0,0)$ の他に格子点がない可能性を考えよう．そのとき，上で見てきたようにある区間の中に t があるとき，κ_t の中に $z_1=1$ である格子点 $P_1:(x_1,y_1,1)$ がなければならない．よって再び (10.7) が成り立つ．こうして，定理10.2が証明された．

注意 この定理に関わるもっと難しい問題については，ハーディ & ライト (Hardy and Wright) [2] を参照せよ．

10.3 ミンコフスキーの定理の応用

以前の章で見たミンコフスキーの定理が有理数による無理数の良い近似を与えているのと同様に，チェビシェフとミンコフスキーによる最後の結果も，いくぶん強固さを付加して，近似を与えている．m を任意の正の整数と

し，a と b を条件 g.c.d.$(m,a,b)=1$ を満たす整数とする．無理数 θ が与えられたとき，

$$\left|\theta-\frac{p}{q}\right|<cq^{-2},\qquad p\equiv a \pmod m,\quad q\equiv b \pmod m. \tag{10.10}$$

を満たす有理数 $\dfrac{p}{q}$ が無限に多く存在するような，正の定数 c を特定したい．このような数 c の下限を $c(\theta,m,a,b)$ と表す．

この問題は最初にスコット (Scott) [6] によって，$m=2$ のときが解かれた．彼は任意の θ,a,b に対して $c(\theta,2,a,b)\le 1$ であることを示した．後に，コクスマ (Koksma) [5] によって，一般の m のとき，$c(\theta,m,a,b)\le\dfrac{1}{4}m^2$ であると解かれた．証明は定理 10.2 から直接導かれる．

定理 10.3　$m\ge 2$ を任意の整数とし，a と b を g.c.d.$(m,a,b)=1$ を満たす整数とする．任意の無理数 θ が与えられたとき，

$$\left|\theta-\frac{p}{q}\right|<cq^{-2},\qquad p\equiv a \pmod m,\quad q\equiv b \pmod m.$$

を満たす，無限に多くの有理数 $\dfrac{p}{q}$ が存在する．ここで，$c>\dfrac{1}{4}m^2$ である．

証明　$p=p'm+a,\ q=q'm+b$ と置く．不等式 (10.10) の両辺に q^2 を掛けると，

$$|\theta q^2-pq|<c$$

を得る．p と q を代入すると，

$$\begin{aligned}&|\theta(q'm+b)^2-(p'm+a)(q'm+b)|\\&\quad=|(q'm+b)(q'm\theta+b\theta-p'm-a)|<c.\end{aligned}$$

となる．この式を m^2 で割って簡単にすると，

$$\left|\left(q'+\frac{b}{m}\right)\left[q'\theta+\left(\frac{b}{m}\right)\theta-p'-\frac{a}{m}\right]\right|<cm^{-2},$$

$$|(q'+t)(q'\theta-p'+t\theta-s)|<cm^{-2},$$

$$|(q'+t)(q'\theta-p'-\alpha)|<cm^{-2} \tag{10.11}$$

となる．ここで，第2式で $\dfrac{b}{m}=t, \dfrac{a}{m}=s$ と置き，さらに第3式で $\alpha=s-t\theta$ と置いた．

さて，p', q' を p, q の式に置き換えると，$q'\theta-p'-\alpha=\dfrac{q\theta-p}{m}$ となる．θ は無理数だから，右辺は絶対に0にはならない．そのため，定理10.2を上の最後の不等式に適用できる．特に，

$$\begin{aligned}|(q'+t)(q'\theta-p'-\alpha)| &= |q'(q'\theta-p'-\alpha)+t(q'\theta-p'-\alpha)| \\ &\leq |q'(q'\theta-p'-\alpha)|+|t(q'\theta-p'-\alpha)|\end{aligned}$$

となる．定理より，

$$|q'(q'\theta-p'-\alpha)|+|t(q'\theta-p'-\alpha)|<\frac{1}{4}+t\epsilon=\frac{1}{4}+\epsilon'.$$

となり，これは，任意に与えられた $\epsilon'>0$ と無限に多くの有理数 $\dfrac{p'}{q'}$ に対して成り立つ．こうして(10.11)は $cm^{-2}>\dfrac{1}{4}$ に対して成り立ち，これによって定理10.3が証明され，$c(\theta, m, a, b) \leq \dfrac{1}{4}m^2$ が示される． ■

注意 この証明と，さらなる多くの関連する結果については[1]を参照せよ．

10.4 一般的な定理を証明する

上に述べた方法は，もっと一般的な定理を証明するためにブリッヒフェルトに用いられたものでもある．この一般的な定理は，1901年に，ミンコフスキーによって初めて証明された．すなわち，次の通りである．

定理10.4 $\alpha, \beta, \gamma, \delta, \xi_0, \eta_0$ は実数であり，$\alpha\delta-\beta\gamma=1$ であるとする．そのとき，

$$|(\alpha p + \beta q - \xi_0)(\gamma p + \delta q - \nu_0)| \leq \frac{1}{4}$$

であるような整数p, qが常に存在する．

この定理の証明は，ほんの数名をあげるに留めるが，レマーク (Remak; 1913)，モーデル (Mordell; 1928)，ランダウ (Landau; 1931)，ブリッッヒフェルト (1932)，シール (Seale; 1935)，ニーベン (Niven; 1961) らによって与えられてきた．さらに詳しくはコクスマ (Koksma) [4] を参照せよ．

引用文献

1. P. M. Gruber and C. G. Lekkerkerker, *Geometry of Numbers*, 2nd ed の 47.3–47.6 節 (Amsterdam and New York: North-Holland, 1987), 556–66.
2. G. H. Hardy and E. M. Wright, *An Introduction to the Theory of Numbers*, 5th ed. (Oxford: Oxford University Press, 1983).
3. Hermite, Charles, “Sur une extension donnée à la théorie des fractions continues par M. Tchebychev,” *J. reine angew. Math.* 88 (1879): 10–15.
4. J. F. Koksma, *Diophantische Approximationen* (New York: Chelsea, 1936).
5. ________, “Sur l’approximation des nombres irrationals sous une condition supplementaire,” *Simon Steven* 28 (1951): 199–202.
6. W. T. Scott, “Approximation to Real Irrationals by Certain Classes of Rational Fractions,” *Bulletin of the AMS* 46 (1940): 124–9.
7. P. L. Tchebychef, *Oeuvres de Tchebychef*, A. Markoff and N. Sonin によるフランス語訳 (再版, New York: Chelsea).

付録 I

ガウス整数

ピーター．D. ラックス

I.1　複素数

これまでの章において，平面上の集合を平行移動すると引き起こされるような，平面の**加法構造**に関連した格子点の性質を使ってきた．しかし，平面を複素平面と見なすと，格子点はさらに**乗法構造**を得る．この附録では，この乗法構造を探求しよう．

平面上の各点 (x, y) に対して，複素数 $z = x + iy$ を対応させることができて，x と y はそれぞれ z の実部と虚部と呼ばれることを思い出そう．複素数の加法は平面上の平行移動に対応している．複素数の乗法

$$(x + iy)(u + iv) = xu - yv + i(xv + yu)$$

は，これから見るように，平面の回転と伸縮に関係している．

複素数 $z = x + iy$ の**絶対値**は，

$$|z| = \sqrt{x^2 + y^2}$$

で定義される．ピタゴラスの定理から，z の絶対値は原点からの距離を表している．

$z = x + iy$ の**共役**は $\bar{z} = x - iy$ で定義される．つまり，実軸に関する z の鏡像である．z と $\bar{z}$ と $|z|$ の間には単純な関係，

$$|z|^2 = z\bar{z}$$

が成り立つ．したがって，二つの複素数の積の絶対値は，それらの絶対値の積に等しい．

格子点に対応する複素数

$$g = a + ib \quad \text{ただし，} a \text{ と } b \text{ は実整数}$$

を**ガウス整数**という．明らかに，ガウス整数の和と積はガウス整数である．代数の用語では，ガウス整数は**環**をなす．この環において，実整数環において追求したのと同じ問題を調べよう．その問題とは，整除性，素数の性質，そして素因数分解の一意性である．

四つの数

$$1, \ -1, \ i, \ -i$$

をガウス整数環の**単元**といい，文字 u で表す．これらだけが乗法に関して**逆元**を持つ．それぞれの単元の絶対値は1である．

I.1 節の問題

1. ガウス整数環において，単元でないガウス整数で，乗法に関する逆元を持つものは存在しないことを示せ．
2. $a + ib \neq \pm 1, \pm i$ ならば，$|a + ib| > 1$ であることを示せ．
3. $(a + ib)(a - ib)$ は実整数であることを示せ．

I.2　ガウス整数の素因数分解

ガウス整数 g が二つのガウス整数 f と h の積，つまり，

$$g = fh \tag{1}$$

であるとき，f と h は g を**割る**という．等式(1)は g の分解といい，f と h はその因子という．

等式(1)で，絶対値

$$|g| = |f||h|$$

をとることによって，与えられたガウス整数 g のすべての因子を見つけることができる．$g = fh$ において，f も h も単元でないときは，g の**自明でない**

分解という．0か単元ではないガウス整数の絶対値は1より大きいので，gのすべての自明ではない因子は$|g|$より小さい絶対値を持つ．そのようなガウス整数fは有限個しかない．商

$$\frac{g}{f} = \frac{g\bar{f}}{|f|^2}$$

を作って，ガウス整数かどうかを見ることによって，それらの任意のものがgを割るかどうかを確かめることができる．

$q = ur$のような自明な方法でのみ分解されるガウス整数qを**素数**という．ここで，因子の一つuは単元である．単元因子だけ異なる二つの素数は**同値**（または**同伴**）であるという．

例1　$5 = (2+i)(2-i)$だから，ガウス整数としては5は素数ではない．

例2　$1+i$が素数であることを主張する．これを見るために，

$$|1+i| = \sqrt{1^2+1^2} = \sqrt{2}$$

であることに注意する．0でないガウス整数が持つことのできる最小の絶対値は1であり，I.1節の問題3より，次に小さいものは$\sqrt{2}$である．そのため，任意の因数分解$1+i = vw$において，因子の一つは絶対値が1でなければならない．したがって，因子の一つは単元であり，$1+i$は素数であることが示せた．

I.2節の問題

1. qが素数なら，$\bar{q}$もそうであることを示せ．
2. $q = (1+i)u$である場合を除いて，$q \neq \bar{q}$である素数qと$\bar{q}$は同値でない（つまり，同伴でない）ことを示せ．

I.3　計算の基本定理

ガウス整数gとhは，共通因子が単元しかないとき，**互いに素**であるという．

第1章の実整数に関する算術の基本定理を思い起こそう．すなわち，「aとbが互いに素であるなら，1は

$$na + mb = 1, \quad m \text{ と } n \text{ は整数.}$$

の形のaとbの式で表される」．さて，ガウス整数についても同様の結果が成り立つことを示す．

定理I.1（複素数算術の基本定理）　gとhを0でない互いに素なガウス整数であるとする．このとき，1はgとhによって

$$rg + th = 1, \quad r, t \text{ はガウス整数} \tag{2}$$

と表すことができる．

証明は，実数の場合と同様に，ユークリッドの互除法の一つの形を用いる．補題として定式化する．

補題I.1　二つのガウス整数gとhが与えられたとき，一般性を失うことなく

$$|g| \leq |h|$$

を得る．このとき，

$$|h - fg| < |g| \tag{3}$$

を満たすようなガウス整数fが存在する．

補題I.1の証明　四つの単元のうちの一つであるuに対して，

$$|h - ug| < |h| \tag{4}$$

を示そう．これは幾何学的に視るのが最善である．図I.1を参照せよ．点hは原点を中心として半径が$|h|$の円上にある．四つの点$h-g$, $h+g$, $h-ig$, $h+ig$は，hを中心として半径が$|g|$の円上に位置している．これらの点の一つは，hを頂点とし，原点とhを通る直線に関して対称な，角度$\dfrac{\pi}{2}$で開いた楔形領域の中に入る．この点をh_1と呼び，

$$h_1 = h - u_1 g$$

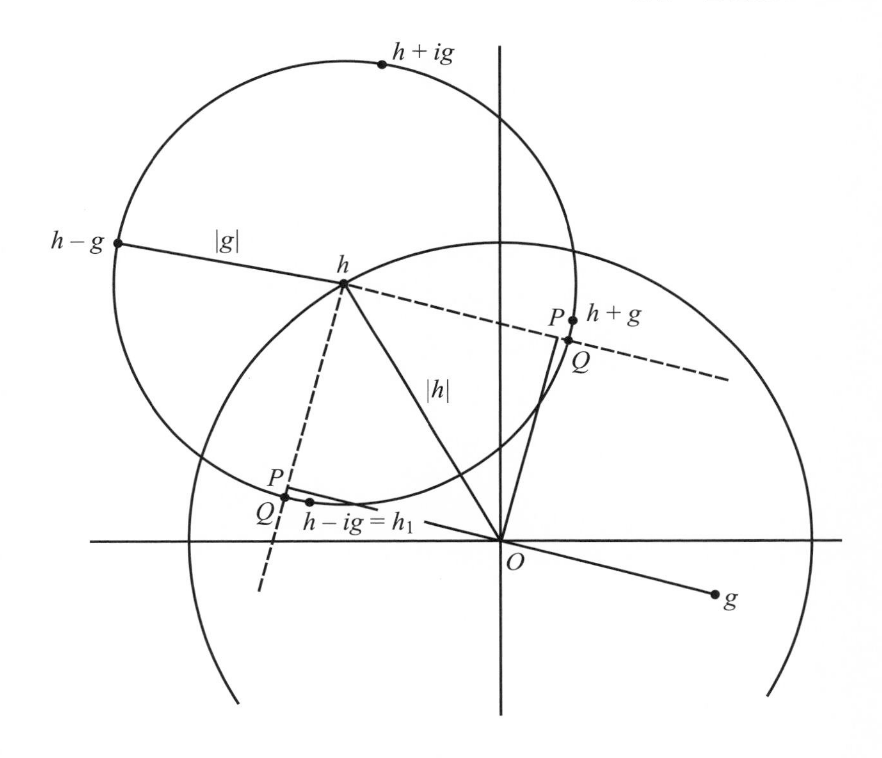

図 I.1

とする．$|g| \leq |h|$ だから，図 I.1 から $|h_1| < |h|$ が推測できる．このことは不等式 (4) が満たされることを証明する．P を原点 O から楔形の 1 辺に下ろした垂線の足とし，Q を半径 $|g|$ で h を中心とした円と楔形の同じ辺との交点とする．明らかに，$|h_1| \leq |Q|$ である．直角三角形 OPh は二等辺三角形であり，そのため $|h-P| = |P| = \dfrac{|h|}{\sqrt{2}}$ で，

$$|h-Q| = |g|,$$

$$|P-Q| = \pm\left(|g| - \frac{|h|}{\sqrt{2}}\right)$$

である．ピタゴラスの定理より，

$$|Q|^2 = \left(|g| - \frac{|h|}{\sqrt{2}}\right)^2 + \left(\frac{|h|}{\sqrt{2}}\right)^2 = |g|^2 - \sqrt{2}\,|g||h| + |h|^2$$

となる．$|g| \leq |h|$ だから，

$$|Q|^2 \leq |h|^2 + |g|^2 - \sqrt{2}\,|g|^2 = |h|^2 - \left(\sqrt{2} - 1\right)|g|^2.$$

となる．そのため，

$$|h_1|^2 \leq |h|^2 - \left(\sqrt{2} - 1\right)|g|^2.$$

となる．

$|h_1| < |g|$ ならば，$f = u_1$ のときの不等式 (3) を完成したことになる．もしそうでなければ，h の代わりに h_1 でこの過程を繰り返せばよい．第二段階で，ガウス整数

$$h_2 = h_1 - u_2 g = (h - u_1 g) - u_2 g = h - (u_1 + u_2)g = h - f_2 g$$

を得るだろう．再び，$|h_2| < |g|$ ならば，これで終了である．もしそうでなければ，この方法を続けることで，それぞれが $h - fg$ の形で，段階ごとに絶対値が一定量減少する，ガウス整数 h_j の数列が得られる．それゆえに，有限回の段階の後，$|h_k| < |g|$ に達する．これで，補題は証明された．■

定理 I.1 の証明　補題から基本定理を導くために，式 (2) の形，すなわち，

$$rg + th, \quad r, t\ \text{はガウス整数}$$

であるすべてのガウス整数を考える．これらの中から，0 でない最小の絶対値を持つものを一つ選んでそれを s とする．すなわち，

$$s = rg + th$$

である．g と h が 0 でなく，式 (2) を満たしており，s が最小の絶対値を持つので，

$$|s| \leq |g|, \quad |s| \leq |h|$$

が従う．h と s に補題を適用すると，$|h-fs|$ が $|s|$ より小さくなるようなガウス整数 f が存在することが結論付けられる．しかし，$h-fs$ もまた式 (2) の形をしており，それゆえに，s の最小の性質より，$h-fs=0$ となる．言葉で言えば，s は h を割る．同様にして，s が g を割ることが導かれる．h と g は互いに素だから，唯一の共通因子は単元である．それゆえに，s は単元である．このことは，単元の一つが式 (2) の形で表されることを示している．しかしそのとき，単元の 1 も

$$rh+tg=1 \tag{5}$$

と同様に書ける．これで証明は完成した．■

(5) が解を持つということの証明は，非構成的であることに注意しよう．

I.3 節の問題

1. 補題 I.1 を用いて，等式 (5) の解を構成するためのユークリッドの互除法を構成せよ．

I.4　ガウス整数の素因数分解の一意性

複素数算術の基本定理は，ガウス整数の整除性と因数分解について実整数の場合と同様の結果を導く．

定理 I.2　g と h が互いに素なガウス整数で，g が hk を割り切るなら，g は k を割り切る．

証明　g と h が互いに素であるので，基本定理から，

$$rg+th=1$$

を満たすようなガウス整数 r と t が存在する．両辺に k を掛けて

$$rgk+thk=k$$

とする．仮定より，g は hk を割り切るので，左辺の 2 項はともに g によって割り切れる．よって，右辺もそうであり，証明は完成する．■

次の定理は，定理I.2からすぐに得られる結果である．

定理 I.3　qをガウス素数として，qが積fgを割り切ると仮定するとき，qはfかgを割り切る．

証明　qがfを割り切らないと仮定する．そのとき，qはfと互いに素である．そのため，定理I.2よりqはgを割り切り，証明は完成する． ■

I.4 節の問題

1. すべてのガウス整数が素数の積として表されること，およびこの素因数分解に現れる素数は，単元の因子を除いてただ一通りに決定されることを示せ．

I.5　ガウス素数

以上のことから，すべてのガウス素数を記述するという自然な問題に導かれる．ここでそれに答えよう．それは四つの部分からなる．

定理 I.4　a. $4n+3$の形である実整数環におけるすべての素数pはガウス素数である．

b. $4n+1$の形であるすべての実素数pは，$p=q\bar{q}$として，本質的にただ一通りに素因数分解できる．

c. 数2はガウス素数ではない．$2=i(1-i)^2$と素因数分解できる．

d. すべてのガウス素数は，上記a, b, cのいずれかで述べられたものである．

証明　aの証明から始める．

$4n+3$の形である実素数pがガウス素数ではないとすると，自明でない因数分解$p=st$が存在する．ここで，sとtはガウス整数でいずれも単元ではない．この積の絶対値の平方をとる．つまり，

$$p^2=|s|^2|t|^2$$

とする．pは，実素数だから，p^2の自明でない因数分解は，$p\cdot p$のみである．

よって，

$$|s|^2 = |t|^2 = p$$

となる．実整数 a, b に対して，s を $a + ib$ と表すことができる．上の関係より，

$$a^2 + b^2 = p$$

が示される．実整数の平方は 4 を法として 0 か 1 に合同である．それゆえに，二つの実整数の平方の和は $4n + 3$ の形とはならない．この矛盾によって，定理 I.4 の a が証明された．

定理 I.4 の b は，$4n + 1$ の形である実素数と関係する．このため，ウィルソンの定理が必要である．

定理 I.5（ウィルソン）　p を任意の実素数とするとき，$(p-1)! \equiv -1 \pmod{p}$ が成り立つ．

ウィルソンの定理の証明　法 p の合同類の集まりを $R(p)$ で表そう．$R(p)$ は，例えば剰余 $0, 1, 2, \ldots, p-1$ で表される，p 個の元から成る．合同な数の和と積はまた合同だから，加法と乗法は $R(p)$ で定義されており，可換環をなす．さらに $R(p)$ が**体**であることを主張する．すなわち，$R(p)$ の 0 でないすべての元は乗法逆元を持つ．

これを示すのは難しくない．p で割り切れない任意の数 a をとる．数 a, $2a, \ldots, (p-1)a$ のどの 2 数も法 p のもとで合同になることがないことを主張する．これを示すために，$r \not\equiv s$ として，$ar \not\equiv as$ であることを主張する．というのは，差 $ar - as$ は $a(r-s)$ と因数分解でき，a も $r - s$ も p で割り切れないので，これらの積もまた p で割り切れないからである．$p-1$ 個の数 a, $2a, \ldots, (p-1)a$ は p で割り切れないので，これらは $p-1$ 個の剰余 $0, 1, 2, \ldots, p-1$ と一対一に対応させることができ，対応する数は法 p のもとで合同である．特に，$ar \equiv 1 \pmod{p}$ となるような r が存在する．この r は a の乗法逆元である．

同値類には，それ自身の逆元であるものもある．例えば，$1 \cdot 1$ と $(p-1) \cdot (p-1)$ は法 p のもとで 1 と合同である．それ自身の逆元である類は他にない．すなわち，法 p のもとで，$r \equiv 1$ または $r \equiv -1$ でなければ，$r^2 \not\equiv 1$

(mod p) である．これを示すのは容易である．$r^2 - 1 = (r+1)(r-1)$ は，$r-1$ か $r+1$ が p で割り切れない限り，p で割り切れることはない．

今は，ウィルソンの定理の証明を準備しているところである．積

$$(p-1)! = 1 \cdot 2 \cdot \cdots \cdot p-1$$

において，最初と最後を除いて，各因子とその乗法逆元を組にする．そのような組の積は法 p のもとで 1 と合同である．このことは，$(p-2)! \equiv 1$ (mod p) であることを証明している．この関係式に $p-1$ を掛けると，ウィルソンの定理で主張されているように，$(p-1)! \equiv -1 \pmod{p}$ を示す．■

定理I.4 の b の証明を続けよう．今，$(p-1)!$ は

$$(p-1)! = \left[1 \cdot 2 \cdot \cdots \cdot \frac{p-1}{2}\right] \left[(p-1)(p-2) \cdot \cdots \cdot \frac{p+1}{2}\right] = fg$$

と書ける．各因子 f と g はそれぞれ $\frac{p-1}{2}$ 個の因子の積であり，g の j 番目の因子は f の j 番目の因子の加法逆元に合同である．よって，$g \equiv (-1)^{\frac{p-1}{2}} f$ となる．p が $4n+1$ の形であるとき，$\frac{p-1}{2}$ は偶数である．そのため，この場合は $f \equiv g \pmod{p}$ である．ウィルソンの定理を使うと，以上から $f^2 \equiv -1$ (mod p) であることを結論できる．このことは，$f^2 + 1$ が p で割り切れることを意味している．

次の段階は偉大な幾何学者であるヤーノシュ・ボヤイ (János Bólyai) に基づく．[Elemér Kiss, "Fermat's Theorem in János Bólyai's Manuscripts," *Mat. Pannonica* 6 (1995): 344–8 を参照せよ]．ボヤイは，ガウス整数環において $f^2 + 1$ を $(f+i)(f-i)$ に因数分解している．上で見たように，この積は p で割り切れる．p がガウス素数であれば，因子 $f+i$ もしくは $f-i$ を割り切る．しかし，どちらも不可能である．というのは，このことは

$$f \pm i = p(a+ib)$$

を意味しており，$pb = \pm 1$ となるが，これは矛盾である．そのため，p はガウス素数ではない．

qを，pを割り切るガウス素数とする．すなわち，$p = qw$である．複素共役をとると，$p = \bar{q}\bar{w}$となり，これは$\bar{q}$もまたpを割り切ることを示している．qと$\bar{q}$は異なる素数であるので，定理I.3から，それらの積$q\bar{q} = |q|^2$もまたpを割り切る．pは実素数だから，$|q|^2 = p$である．これでbの部分の証明が完了した．

さて，定理I.4のdを示そう．すべての実でないガウス素数qがbかcの通りであることを証明するために，$|q|^2$が実素数であることを示そう．$|q|^2$をcで表そう．つまり，$c = q\bar{q}$とする．cが素数ではないとすると，ともに1より大きい実数型整数a, bに対して，$c = ab$と分解される．このとき，$ab = q\bar{q}$である．これはqがabを割り切ることを示している．定理I.3によれば，素数qはaかbを割り切る．そこで，$a = qf$としよう．qは実数ではないので，fは単元ではない．これを前の式に代入して，$qfb = q\bar{q}$を得る．両辺をqで割ると，$fb = \bar{q}$となり，$\bar{q}$の自明でない分解が得られる．これは，$\bar{q}$がガウス素数であるので不可能である．

いったん$q\bar{q}$が実素数であることがわかれば，bまたはcの場合に帰着する．これで定理I.4の証明は完了した． ∎

I.6 ガウス素数についてのさらなる話題

定理I.4は，次に示すように，興味深い結果をもたらす．

系I.1 $4n + 1$の形である実素数pは，本質的には一通りの方法で二つの実整数の平方の和$p = a^2 + b^2$として表すことができる．すなわち，$p = a^2 + b^2 = a_1^2 + b_1^2$ならば，$a + bi$と$a_1 + b_1 i$は単元倍の違いしかない．

練習として，系I.1を証明してほしい．

系I.2 正の整数mが二つの実整数の平方の和

$$m = a^2 + b^2 \tag{6}$$

として表すことができるのは，mの実素因子で$4n + 3$型のものがmを偶数回割り切るとき，かつそのときに限る．

証明　m を $m = st$ と分解する．ここで，s は $4n+3$ の形である m の実素因子すべての積であり，t はそれ以外の実素因子すべての積であるとする．s の各素因子が偶数回見出されるなら，s は完全平方であり，そのため実整数 r に対して $m = r^2 t$ と表せる．

t の各実素因子 p_j は，2 か $4n+1$ の形であるかのどちらかである．だから，系I.1に従って，実整数 a_j, b_j に対して，$p_j = a_j^2 + b_j^2$ と表せる．二つの2平方数の和の積は，2平方数の和

$$(a^2+b^2)(c^2+d^2) = (ac-bd)^2 + (ad+bc)^2$$

として表せる．それで，積 $\prod p_j$ は，2整数の平方の和であると帰納的に結論付けられる．しかしそのとき，$r^2 t = st = m$ も同様である．

s に課された条件が必要であることを示すために，m が式(6)の形で表せると仮定しよう．ガウス整数環において，(6)は

$$m = (a+ib)(a-ib)$$

として因数分解できる．$4n+3$ の形である実素数 p が m を割り切ると仮定する．定理I.4に従って，p はガウス素数であり，そのうえ定理I.3に従って，p は $a+ib$ か $a-ib$ を割り切る．

$$a + ib = pw \tag{7}$$

と置こう．複素共役をとると，

$$a - ib = p\bar{w} \tag{7'}$$

となる．これは p が $a+ib$ と $a-ib$ の両方を割り切ることを示している．だから m は p^2 で割り切られると結論付けられる．帰納的に続行して，$4n+3$ の形である素因子の組を取り除く．有限回のステップで，それらすべてを取り除くことができるだろう．そして，それらは二つ一組なので，系I.2の言明で主張されたように，その重複度は偶数である．■

さらに，式(6)で表された a と b が互いに素であるならば，m は $4n+3$ の形であるどんな素数によっても割り切れないことに気づく．というのは，

(7) と (7′) を足し引きすれば，p は a と b の両方を割り切り，仮定に反するからである．

$4n+3$ の形である素数の例は $3, 7, 11, 19, 23, \ldots$ であり，一方 $5, 13, 17, 29, \ldots$ は $4n+1$ の形である素数である．それぞれの場合に無限に多くの素数があることを示して，本章を終える．$4n+3$ の形である素数の場合は，次のようにユークリッドの古典的議論の少しの改良で，容易に処理することができる．仮に，そのような素数が有限個 $p_1, p_2, \ldots, p_k$ だけ存在すると仮定しよう．積 $s = 4\prod p_j$ を作ると，明らかに $s-1 \equiv 3 \pmod 4$ である．$s-1$ を実整数で素因数分解すると，これらの素因数の少なくとも一つは $4n+3$ の形をしていなければならない．そうでなければ，それらの積は法 4 のもとで 1 と合同になるからだ．しかし，この $s-1$ の素因子は s と互いに素であり，そのためすべての p_j $(j=1,2,\ldots,k)$ と異なっている．

今度は，$4n+1$ の形の素数が有限個 $p_1, \ldots, p_k$ だけ存在すると仮定する．これらの積 $a = \prod p_j$ を作って，

$$m = a^2 + 1$$

と定義しよう．a と 1 は互いに素だから，上で見たように[1)]，m のすべての実素因数は $4n+1$ の形をしていることが従う．そのどれもが a^2 を割り切らない．そのため，すべての p_j $(j=1,\ldots,k)$ と異なるものがなければならない．

---

1) 訳注：系 I.2 の説明の直後に述べていること．

付録 II

凸体の最密充填

序文で述べたように数の幾何学の中心である格子点問題は，現代数学とその応用まで広範囲にわたるつながりを持つ．これらは，有限群，二次形式，組合せ論，そして n 次元の積分を評価するための数値法の理論に現れる．これらは，化学や物理学，特に結晶学に，そして送信，格納，受信のための符号の設計に現れる．本附録では，球の充填についての簡単な紹介をする．これは実は，誤り検出符号と誤り訂正符号の発展のために重大なものである．実際，与えられた空間に球の最密充填を見出すことは，効率的な誤り訂正符号を見出すことと同値な問題である．ここでの議論は要約ではあるけれども，この重要で時宜を得た応用を少なくとも垣間見させないままには，数の幾何学の紹介は完全なものになり得ない．

II.1 格子点の充填

K を原点 O に関して対称に置かれている凸集合または凸体とする．K に**対する許容** (admissible) **格子**，すなわち原点の他に K の内側に格子点を持たない格子があると仮定する．K のその線形次元方向の大きさを半分，つまり $\dfrac{1}{2}K$ に縮小し，それからその中心が各格子点になるように，この凸体を平行移動すれば，得られる凸体は互いに重ならないであろう．反対に，K の内側に原点より他に格子点があれば，得られる凸体は互いに重なるだろう．このようにして，K に対する許容格子とは，凸体 $\dfrac{1}{2}K$ の重なりのない充填を与える格子に他ならない．

さて，任意の許容格子のそのような充填の密度，すなわち $\dfrac{1}{2}K$ の平行移動で占められる空間の割合を考えよう．それぞれの凸体の体積を $V\left(\dfrac{1}{2}K\right)$ で表す．体積 V の大きな立方体においては，格子点の個数は $\dfrac{V}{\Delta}$ に近づく．ここで，Δ は今考えている許容格子の基本領域の体積である（格子がベクトル (a,b) と (c,d) から生成されているとき，この体積は $\Delta = |ad-bc|$ で与えられることを思い起こそう）．ゆえに，V の中にある，格子点をそれぞれ中心に持つ凸体の平行移動の体積の合計は $\dfrac{V\left(\frac{1}{2}K\right)V}{\Delta}$ であり，充填の密度は

$$\frac{V\left(\frac{1}{2}K\right)}{\Delta} = \frac{V(K)}{2^n\Delta}$$

で与えられる．Δ が可能な限り小さいとき，この密度は最大となる．許容格子を少なくとも一つ持つ集合 K に対して

$$\Delta(K) = \inf \Delta(L)$$

とする．ここで右辺は，K に対するすべての許容格子 L の基本領域 $\Delta(L)$ の下限（すなわち最大下界）である．数 $\Delta(K)$ を K の**臨界行列式**といい，$\Delta(L) = \Delta(K)$ となる任意の格子を K の**臨界格子**という．もし，$\delta(K)$ を K における最密格子充填の密度を表すならば，

$$\delta(K) = \frac{V(K)}{2^n\Delta(K)} \leq 1$$

となる．$V(K)$ と $\Delta(K)$ はどちらも，任意の線形変換で同じ定数が掛けられるから，数 $\delta(K)$ は線形変換で不変である．

$\delta(K)=1$ となる凸体は存在する．$\mathbb{R}^n$ における単位立方体は一つの例であり，他には $\mathbb{R}^2$ における正六角形もそうである．そのような凸体のコピーは，与えられた空間を完全に満たすように，内部が重ならないように並べることができる．それぞれの平行移動の中心は，u と v が中心ならば，$u+v$ と $u-v$ もそうであるという意味で，格子を形成する．

II.2　$\mathbb{R}^2$ の円の最密充填

四角形や六角形と違って，それらが重なることを認めない限り，円は平面上の任意の領域を完全に満たすように並べることができない．そのような重なりを認めないと仮定し，その代わりにどんな円も他の円と高々一つの接点で接触しなければならないことを要求しよう．そのとき，どれだけ効率よく円を一緒に充填できるだろうか．

原点を中心とする単位円が与えられているとき，その円周はもちろん点 $(1,0)$ を通るだろう．点 $(1,0)$ を含む閉じた単位円盤 D に対する任意の許容格子を考える．そのとき，x 軸は格子点 $(n,0)$ を含む．ここで，n は任意の整数である．また，他のすべての格子点は，x 軸の上か下にある x 軸に平行な直線上に含まれるだろう．最も近いそのような格子点の直線は，x 軸から垂直距離で少なくとも $\dfrac{\sqrt{3}}{2}$ 単位分の場所になければならない．実際に，(p,q) が $p>0,\ q<\dfrac{\sqrt{3}}{2}$ である格子点と仮定する．格子点

$$(p,q)-([p],0)=(p-[p],q)$$

を考える．これは点 $(0,q)$ であるか，または直線 $x=0$ と $x=1$ で区切られた垂直な帯状領域の内側にあるかどちらかとなる．$0\leq p-[p]\leq\dfrac{1}{2}$ ならば，$p_1=p-[p]$ とし，$\dfrac{1}{2}<p-[p]<1$ ならば，$p_1=p-[p]-1$ とする．いずれにしても，$|p_1|\leq\dfrac{1}{2}$ である．しかしこのとき，

$$p_1^2+q^2<\left(\frac{1}{2}\right)^2+\left(\frac{\sqrt{3}}{2}\right)^2=1$$

となる．これは (p_1,q) が円盤 D の内側に含まれる格子点であることを示しており，D に対する許容格子の定義に反する．

二つのベクトル $(1,0)$ と $\left(\dfrac{1}{2},\dfrac{\sqrt{3}}{2}\right)$ によって生成される格子を考えてみよう．この格子は明らかに D に対して許容的である．それは $\dfrac{1}{2}K$ に対する充

填を提供するからである．さらに，L・フェイエシュ・トート (L. Fejes Toth) [6] は 1940 年に，それが臨界的であり，ゆえに $\Delta(D) = \dfrac{\sqrt{3}}{2}$ であることを証明した．この臨界格子は六角形で，$(\pm 1, 0)$, $\left(\pm\dfrac{1}{2}, \pm\dfrac{\sqrt{3}}{2}\right)$ を頂点に持つ．D に対する最密充填格子の密度は，それゆえに，

$$\delta(D) = \frac{v(D)}{4\Delta(D)} = \frac{\pi}{4\left(\frac{\sqrt{3}}{2}\right)} = \frac{\pi}{2\sqrt{3}} = 0.90668996\cdots$$

となる．

2 次元に対する最適な密度に興味を持つことはもっともである．その解はケーブルの横断面への電線の最良の配置を決定するような，多くの実用的な設計問題に重要である．2 次元の円に関してはもっと多くのことが証明可能である．興味ある読者は，B・セグレ＆M・マーラー (B. Segre and K. Mahler) の論文 “On the Densest Packing of Circles” [14] を参照してほしい．

II.3 $\mathbb{R}^n$ の球の充填

$\mathbb{R}^n$ 内で，等しい体積 V を持つ球の系は，その系のどの二つの球も共通の内点を持たないならば，充填を形成するといわれる．前節で，単位円の系に対する臨界格子を構成して（ここで $n = 2$），その密度を見出した．$n = 3$ のときの問題に対しては，興味深い歴史がある．それはフィリップ・グリフィス (Philip Griffiths)，*American Mathematical Monthly* [8] に，またトーマス・ヘイルズ (Thomas Hales)，*Notices of the AMS* [11] に関係している．ここではその要約に留めておく．

1500 年代後半，ウォルター・ローリー卿 (Sir Walter Raleigh) が，船のデッキの上に砲弾を最も効率よく積み重ねるにはどうしたらよいかという疑問を提示した．イギリスの数学者トーマス・ハリオット (Thomas Harriot) は，彼の質問をとりあげていた人物だったが，今度は天文学者のヨハネス・ケプラー (Johannes Kepler) に向けてその問題に関する手紙を書いた．ケプ

ラーは最密充填が，船員がそのとき砲丸を積み重ねていた，そして食料品店が現在オレンジを積み重ねているいつもの方法に見出されるということを推測した．これはケプラーの推測として知られるようになった．そしてそれが触発した膨大な研究にもかかわらず，長年にもわたって重要な未解決問題のままであった．

八百屋で，果物が方形の土台を持ち，引き続く層が低層に残された自然な“深穴”に積まれ，最後にはピラミッド状の建造物を形成しているのを見ることができる．そのような充填から生じるそれぞれの果物（または砲弾）の中心は格子を形成し，これは**面心立方格子**（または簡単にfcc格子）と呼ばれる．それらは，$\mathbb{Z}^3$ の格子点 (x, y, z) で，$x + y + z$ が偶数であるものの集合として，非常に簡単に述べることができる．この充填の密度は，

$$\delta(K) = \frac{\pi}{\sqrt{18}} = 0.7405\cdots$$

である．こうして，球充填問題の通常版は，この密度がすべての充填の中で最大であるかどうかを問うている．ガウスは，1831年に，fcc格子が臨界的であることを証明した [7]．すなわち，fcc格子が格子充填の中で最密なものを与えるということである．

しかしながら，すべての充填が格子によって与えられるわけではないという事実から，その問題は複雑である．そして，一般的な疑問は，解決するのがはるかに難しいということが判明した．L・フェイエシュ・トート (L. Fejes Toth) は，1953年，コンピュータによって解かれる極めて大きな計算へ問題を帰着したとき，大進歩を遂げた．長年にわたって知られていた最良の限界値は，C・A・ロジャーズ (C. A. Rogers) [13] によって1958年に与えられた．彼は，どんな球充填も，$0.7796\cdots$ より大きな密度を持たないことを示した．つい最近，ケプラーの推測が真であることが，ヘイルズ (Hales) によって証明された．彼は結果を証明するために，近年の数学の進展はもちろん，莫大な計算機の力も使った [9, 10]．彼の前記の概説論文 [11] は，問題の歴史の良い概観であり，彼の仕事のわかりやすい説明である．

$n = 4$ に対して，**チェッカーボード格子**を考えよう．fcc格子のように，チェッカーボード格子は，$x + y + z + w$ が偶整数である $\mathbb{Z}^4$ の点 (x, y, z, w) の集合として定義される．生成ベクトルの集合は $(2, 0, 0, 0)$，$(1, 1, 0, 0)$，

$(1,0,1,0)$, $(1,0,0,1)$ によって与えられ，そのため，$\Delta = 2$ である．一方で，球は半径 $\frac{\sqrt{2}}{2}$ をとるとする．それゆえに，この格子に対して，密度は，

$$\delta(K) = \frac{\pi^2}{16} = 0.6169\cdots$$

である．

コルキン＆ゾロタレフ (Korkine and Zolotareff) [12] は 1872 年にチェッカーボード格子が臨界的であること，そしてそれゆえに，$\frac{\pi^2}{16}$ が格子充填の中で最大の密度であることを証明した．このことや，高次元における多くのさらなる結果に関しては，コンウェイ (Conway) とスローン (Sloane) の 1988 年の著書，*Sphere Packings, Lattices and Groups* [5] を参照せよ．本書は，球充填への優れて簡単な導入と，その当時までに知られていたことの完全な要約を与えている．さらに，興味ある読者のために，トンプソン (Thompson) の著書，*From Error-Correcting Codes through Sphere Packings to Simple Groups* [15] を参照しておく．本書は，既知の結果のうまい要約だけでなく，それらの三つの話題の関係や，これらのとても興味深い歴史も与えている．

ブリッヒフェルトは，実際は，任意の次元での球の最密充填の密度における 1 より小さい上界を得た実に最初の人物である．これは，1914 年の彼の有名な論文 [1] の中で公表されたが，彼の証明は格子充填にのみ関連していた．彼は次の定理を証明した．

定理 II.1 (ブリッヒフェルト) $\mathbb{R}^n$ における等しい球の最密充填の密度は，

$$\delta(K) \leq \frac{n+2}{(\sqrt{2})^{n+2}}$$

を超えない．

ブリッヒフェルトは後に，ある格子が 6, 7, 8 次元において臨界的であることを証明した [2–4]．[3] において，彼は定理 II.1 の結果を，任意の次元に適用するために改良した．

引用文献

1. H. F. Blichfeldt, "A New Principle in the Geometry of Numbers with Some Applications," *Transactions of the AMS* 15:3 (July 1914): 227–35.
2. ________, "On the Minimum Value of Positive Real Quadratic Forms in 6 Variables," *Bulletin of the AMS* 31 (1925): 386.
3. ________, "The Minimum Value of Quadratic Forms, and the Closest Packing of Spheres," *Mathematische Annalen* 101 (1929): 605–8.
4. ________, "The Minimum Values of Positive Quadratic Forms in Six, Seven, and Eight Variables," *Mathematische Zeitschrift* 39 (1934): 1–15.
5. J. G. Conway and N. J. A. Sloane, *Sphere Packings, Lattices and Groups* (New York and Berlin: Springer-Verlag, 1988), 序文および第 1 章, 1–30.
6. L. Fejes Toth, "Über Einen geometrischen Satz," *Mathematische Zeitschrift* 46 (1940): 79–83.
7. C. F. Gauss, "Besprechung des Buchs von L. A. Seeber: Untersuchungen über die Eigeschaften der positiven ternaren quadratischen Formen usw.," *Göttingsche Gelehrte Anzeigen* (July 9, 1831); *Werke*, Vol. 2 (Göttingen: Gesellschaft der Wissenschaften, 1876), 188–96 に再録.
8. Phillip A. Griffiths, "Mathematics at the Turn of the Millennium," *American Mathematical Monthly* 107 (2000): 1–14.
9. Thomas Hales, "Sphere Packings. I," *Discrete Comp. Geom.* 17 (1997): 1–15.
10. ________, "Sphere Packings. II," *Discrete Comp. Geom.* 18 (1997): 135–49.
11. ________, "Cannonballs and Honeycombs," *Notices of the AMS* 47 (2000): 440–9.
12. A. Korkine and E. I. Zolotareff, ' 'Sur les formes quadratiques positives quaternaires," *Mathematische Annalen* 5 (1872): 581–3.
13. C. A. Rogers, "The Packing of Equal Spheres," *Proceedings of the London Mathematical Society* 8 (1958): 609–20.
14. B. Segre and K. Mahler, "On the Densest Packing of Circles," *American Mathematical Monthly* 51 (1944): 261–70.
15. Thomas M. Thompson, *From Error-Correcting Codes through Sphere Packings to Simple Groups*, Carus Monograph Series, No. 21 (Washington, DC: MAA, 1983).

付録 III

簡単な人物紹介

ヘルマン・ミンコフスキー (1864–1909)

“Rien n’est beau que le vrai, le vrai seul est amiable.”
「真実ほど美しいものはない，真実だけが友好的である」

——ミンコフスキーのモットー

1864年にロシアのアレクソタス[1]で生まれたヘルマン・ミンコフスキー (Hermann Minkowski) は，ドイツのケーニヒスベルクで育ち，大学時代のほとんどもそこで過ごした．学界での地位は急上昇し，1885年に博士の称号を獲得し，1887年にボン大学で講師 (Docent) になり，そして1892年に非常勤の教授 (Extraordinarius) に昇進した．休暇の間，ミンコフスキーはいつもダーフィト・ヒルベルト (1862–1943) やアドルフ・フルヴィッツ (1858–1919) と研究するために，ケーニヒスベルクに帰った．一時期，彼は実際にケーニヒスベルクに再び定住した．そこでは大学から，1894年に非常勤の教授，1895年には常勤の教授（Ordinarius；正教授 (full professor) のようなもの）とされた．しかしながら，彼はスイスのチューリッヒから誘われ，1896年に理工系大学で常勤の教授になり，翌年結婚した．結局は，再びヒルベルトのそばにいるために，1902年にゲッティンゲンに引っ越した．彼が急性虫垂炎のために1909年に突然亡くなったのはそこでであった．45歳の若さで，ミンコフスキーは科学的経歴の全盛期に病に倒れた．

ミンコフスキーは早熟な天才であった．ケーニヒスベルクでのギムナジウ

[1] 訳注：現在はリトアニアの都市．

ム[2]の教育を修了するとすぐ，1880年に大学に入学した．このとき，まだ16歳にもなっていなかった！　最初の5学期[3]間，ミンコフスキーはH・ウェーバー (H. Weber) とW・フォークト (W. Voigt) のもとで勉強した．それから，3学期間ベルリンに行き，E・クンマー (E. Kummer)，レオポルト・クロネッカー (Leopold Kronecker)，カール・ワイエルシュトラス (Karl Weierstrass)，H・L・F・フォン・ヘルムホルツ (H. L. F. von Helmholtz)，R・キルヒホフ (R. Kirchhoff) らの授業を受けた．彼らの幾人かは，ミンコフスキーが物理学のまじめな学生であることを明かしていた．これにより，彼が後に相対性理論に魅了されることが容易に伺える．

1881年に，アカデミー・フランセーズはその大賞として，二次形式に関する難しい問題を提示した．参加者は，仮名により匿名で応募した．解答は，F・アイゼンシュタイン (F. Eisenstein; 1823–1852) のある定理を証明し，完全にすることを含んでいた．アイゼンシュタインはガウスの系統の弟子で，その選り抜きの集団でお気に入りの一員であった．彼はわずか29歳にして亡くなっていた．信じられないことだが，ミンコフスキーがアカデミーの問題の解答を完成したとき，彼自身まだ18歳になっていなかった．そして彼は1年後，1883年に大賞を受賞した．

大賞は一人ではなかった．その年同時に，イギリスの数学者，H・J・S・スミス (H. J. S. Smith; 1826–1883) が受賞した．それは彼の死後1ケ月のことであった．スミスは，数論における重要なほとんどすべてを学習することに10年を費やしたことで有名だった．彼はそれをすべて *Reports*[4] にまとめた．これらは *British Association* の1859年から1865年の巻に出版されている．これらの論説は，明瞭で正確な説明のモデルとして評価されている．スミスはまた1864年（なんと，ミンコフスキーが生まれた年！）と1868年に *Proceedings of the Royal Society* に二つの論文を寄稿している．その中で，彼はアカデミー・フランセーズによって1881年に提示された問題をすでに解いていた．スミスは，1882年にアカデミーに論文を送った．そして，

---

[2] 訳注：中等教育機関．日本の中学・高校にあたる．

[3] 訳注：2学期制なので2年半．

[4] 訳注：正確には *Report on the Theory of Numbers*. Part IからPart VIまである．

それは同時受賞に値すると決定された．

不幸にも，アカデミーの決定によって，ミンコフスキーにはいくぶん不快なことが生じた．大賞の名声が高すぎ，また普仏戦争後の反ドイツ感情が強すぎたため，同時受賞を非難し，出版物でミンコフスキーを攻撃し始め，根拠のない盗作という提言を行った科学者もいた．感心なことに，カミーユ・ジョルダン (Camille Jordan)，J・ベルトラン (J. Bertrand)，シャルル・エルミートといったアカデミー・フランセーズの「偉大な学者」たちはミンコフスキーの弁護に毅然と立ち上がった．ジョルダンはこの不幸な時期に彼に直接手紙を書き，熱心に激励した，「研究に励め，若者よ．優れた幾何学者になることを願う．」

上述したように，ミンコフスキーは数学と同様に物理学にも有能であった．まったく無名だったアルバート・アインシュタイン (Albert Einstein) による 30 ページに及ぶ論文が 1905 年に *Annallen der Physik*（第 17 巻）に発表されたとき，ミンコフスキーはそれを詳しく勉強した．最終的に，アインシュタインによって明言された原理から出発して，ミンコフスキーは自身で特殊相対性理論に重要な貢献をした．1908 年に，ミンコフスキーは *Raum und Zeit*（空間と時間）という題名で注目すべき講演を行った．それは空間と時間の新しい見方を提供した．ミンコフスキーの基本的な論旨の一つは質量とエネルギーが比例するということであった．後年，ミンコフスキーはこの理論を一般化し，光線が物質によって引き付けられるという結論に達した．

間もなく，彼は亡くなった．しかし，偉大で活発な精神は今も変わらない．彼の莫大な才能によって物理学の転換期における新しい領域で成し遂げられたことを知る人は少ない．しかし，数学においては，少なくとも，彼の遺産は明らかである．ミンコフスキーの最愛の「数の幾何学」は彼より長く残るだろう．

ハンス・フレデリック・ブリッヒフェルト (1873–1945)

ハンス・フレデリック・ブリッヒフェルトは 1873 年に，デンマークのグロンベック教区の小さな村に生まれた．ブリッヒフェルト家の先祖は農業従事者，牧師，司教などに携わっていた．母方の先祖は多くの学者や教師がいた．ブリッヒフェルトは，1888年，彼の父親と異父兄と一緒にアメリカ合衆国に移住する前に，コペンハーゲン大学が実施した国家試験に極めて優秀な成績で合格していた．この試験を受けるまでには，彼は3次および4次の一般多項式の解を自身ですでに発見していた．これはまだ15歳にもならない人間にとって顕著な実績である．

若者としては，ブリッヒフェルトは頑丈な体格をしていた．これはアメリカ合衆国での最初の4年間は非常に役に立った．そこでは彼は"何をするにも手を使って働いた"．大概は太平洋岸北西部の木材産業において働いた．1892年から1894年まで，彼はワシントン州，ワットカム市郡の製図者として働いた．そこで，彼の並外れた数学の才能が技術者の雇用主の注意を引いた．雇用主は，最近開学したカリフォルニア州のスタンフォード大学に入学を申請するよう彼を説得した．

ブリッヒフェルトは1894年9月に入学を許可され，1896年6月までにA.B.[5)] の学位を，続いて1897年にA.M.[6)] の学位をとった．スタンフォード大学の事実上"自由な選択"制度によって，ブリッヒフェルトは数学に専念でき，短期間で彼の目標に到達することができた．

19世紀の終わりでは，若い数学者がさらなる教育を受けるためにドイツに行くことを熱望することが慣例であった．ブリッヒフェルトはライプツィヒ大学に通い，ソフス・リー (Sophus Lie; 1842–1899) のもとで勉強することを決心した．倹約していたにもかかわらず，彼は海外に行くために借金をしなければならなかった．

ブリッヒフェルトは，1897年から1898年の間をリーのもとで研究して過ごし，連続群の"リー理論"を習得し，そして1898年には最優秀の評価でPh.D.の学位をとった．彼の博士論文 "On a Certain Class of Group Transformations in Space of Three Dimensions" は，1900年，*American Journal of Mathematics* (vol. 22, pp. 113–20) に発表された．スタンフォードに帰り，ブリッヒフェルトはそこで次の40年間教えた．彼は1913年に教

---

5) 訳注：学芸学士．ラテン語 *Artium Baccalaureus* の略．

6) 訳注：学芸修士．ラテン語 *Artium Magister* の略．

授になり，1927年から1938年の間，数学科長になった．

ブリッヒフェルトは，比較的少数の論文，おそらく25ほどの研究論文を発表した．彼は2冊の本，*Finite Groups of Linear Homogeneous Transformations* と *Finite Collineation Groups* の著者である．

上述の概要は，ブリッヒフェルトの本当の能力を十分に伝えてはいない．彼は当時の難問の多くに取り組んだ．解決したものもあれば，不完全な形でさらなる努力を要するものも多く残した．何度も，一度思い通りに問題を論証しても，発表のための推敲という単調な仕事は，彼には重すぎた．ある専門家は，ブリッヒフェルトは"たくさんの良い材料"を残したと評した．何度も，彼はただ，*Bulletin of the American Mathematical Society* に彼の得た結果の短い要約を発表し，そしてそれでよいことにした．本書の読者にとって特別に関心のある二つの仕事は，1914年の論文（"A New Principle in the Geometry of Numbers with Some Applications"）と頻繁に引用された1934年の研究（"The Minimum Values of Positive Quadratic Forms in Six, Seven, and Eight Variables"）である．これらはそれぞれ第8章と第9章で言及した．

彼の栄誉は多い．それらは，アメリカ数学会の副会長（1912年），1920年の米国科学アカデミーへの選出，1924年から1927年の全米研究評議会評議員，そして1939年の（デンマークの）ダンネブロ勲章の受勲などである．

引用文献

1. Harold M. Bacon, *Dictionary of American Biography, Third Supplement, 1941–45* (New York: Scribner, 1973); Blichfeldt を参照せよ．
2. E. T. Bell, "Hans Frederik Blichfeldt," *National Academy Biographical Memoirs*, Vol. 26, 181–7.
3. ________, *Development of Mathematics*, reprint of 2nd ed. (New York: Dover, 1992); ミンコフスキーに関して．
4. Florian Cajori, *A History of Mathematics* (New York: Macmillan, 1931).
5. J. Fang, *Hilbert* (New York: Paideia Press, 1970); ミンコフスキーに関して．
6. David Hilbert, "Hermann Minkowski," *Math. Annalen* 68 (1910): 455–71.

解答とヒント

第1章

1. a. $y = \dfrac{2}{3}x + \dfrac{1}{5}$ (5は3を割り切らないから). 他の例についても同様に作れる.

   b. $y = \dfrac{2}{15}x + \dfrac{1}{3}$ $(3 \mid 15$ だから$)$. $(p_0, q_0) = (5, 1)$; $\{(p_k, q_k) = (5 + 15k,$ $1 + 2k) \mid k$ は任意の整数$\}$

2. ヒント：(p_{k-1}, q_{k-1}) から (p_k, q_k) までの線分の長さ d_k を求めるために距離の公式を使用せよ. d_k が k の関数でないとき, d_k は任意の点から任意の隣接する格子点まで一定となる.

3. ヒント：$x = p_1 + k(p_2 - p_1)$, $y = q_1 + k(q_2 - q_1)$ と置いて, $q_1 = mp_1 + b$, $q_2 = mp_2 + b$ という事実を利用せよ.

4. 明らかに, $(p, q) = (n, m)$ は直線上にあり, n と m は互いに素である. $|(n, m)| = \sqrt{n^2 + m^2}$ である. (p_1, q_1) が直線上にあるとき, $mp_1 = nq_1$ である. $\text{g.c.d.}(n, m) = 1$ より, $n \mid p_1$ となるので, $nr_1 = p_1$ とする. このとき $q_1 = mr_1$ だから, $|(p_1, q_1)| = \sqrt{n^2 r_1^2 + m^2 r_1^2} = r_1\sqrt{n^2 + m^2} \geq |(n, m)|$ となる.

5. 通らない. (p, q) が直線上にあるなら, $\sqrt{2} = \dfrac{q}{p}$ となる.

6. a. $p = q = 1$ とする. $\left|\sqrt{2}\,p - q\right| < |1.4142136(1) - 1| = 0.4142136 < \epsilon = \dfrac{1}{2} = 0.5$ となる.

   b. $p = 10, q = 14$ とする. $\left|\sqrt{2}\,(10) - 14\right| < |14.142136 - 14| = 0.142136 <$

$\epsilon = \dfrac{1}{5} = 0.2$ となる．

c. $p = 5, q = 7$ とする．$\left|\sqrt{2}(5) - 7\right| < \dfrac{1}{2}\left|\sqrt{2}(10) - 14\right| < \left(\dfrac{1}{2}\right)\dfrac{1}{5} = \dfrac{1}{10} =$ 0.1 となる．

2.1 節

1. a. $[1.3 + 2.8] = [4.1] = 4$，一方 $[1.3] + [2.8] = 1 + 2 = 3$.

   b. $\left[\dfrac{5.4}{2.7}\right] = [2] = 2$，一方 $\dfrac{[5.4]}{[2.7]} = \dfrac{5}{2} = 2.5$.

   c. $[(3.7)(2.6)] = [9.62] = 9$，一方 $[3.7][2.6] = (3)(2) = 6$.

2. $x = [x] + \zeta$ とする．ここで $0 \le \zeta < 1$．$[x+n] = [[x]+\zeta+n] = [([x]+n)+\zeta] = [x] + n$.

3. ヒント：n が整数ならば，$[n] = n, [-n] = -n$ である．x が整数でないなら，$x = [x] + \zeta, -x = -[x] - \zeta$ である．こうして，$[-x] = -[x] - 1$.

4. $[x/n] = [([x] + \zeta)/n] = [([x]/n) + (\zeta/n)]$，ここで $\zeta/n < 1/n$．$[x]/n = q + (r/n)$，ここで $0 \le r \le n - 1$．こうして，

$$q < \left(\frac{[x]}{n}\right) + \left(\frac{\zeta}{n}\right) < q + \frac{n-1}{n} + \frac{1}{n} = q + 1, \quad \text{そして}$$

$$\left[\frac{x}{n}\right] = \left[\frac{[x]}{n} + \frac{\zeta}{n}\right] = q.$$

5. $[2x] + [2y] = [2([x] + \zeta_1)] = [2([y] + \zeta_2)] = 2[x] + [2\zeta_1] + 2[y] + [2\zeta_2]$. $[x] + [y] + [x + y] = [x] + [y] + [[x] + \zeta_1 + [y] + \zeta_2] = 2[x] + 2[y] + [\zeta_1 + \zeta_2]$. $0 \le \zeta_1, \zeta_2 < \dfrac{1}{2}$ ならば，$0 \le 2\zeta_1, 2\zeta_2 < 1$ であるので，$[2\zeta_1] = 0 = [\zeta_1 + \zeta_2]$. $0 \le \zeta_1 < \dfrac{1}{2}, \dfrac{1}{2} \le \zeta_2 < 1$ ならば，$[2\zeta_1] = 0, [2\zeta_2] = 1, [\zeta_1 + \zeta_2] = 0$ または 1. $\dfrac{1}{2} \le \zeta_1, \zeta_2 < 1$ ならば，$[2\zeta_1] = [2\zeta_2] = 1 = [\zeta_1 + \zeta_2]$.

6. $a < b$ ならば，$0 \times b < a < 1 \times b$ であり，同時に $[a/b] = 0$．$a = b$ ならば，$1 \times b = a$ であり，同時に $[a/b] = 1$．$a > b$ ならば，数直線の正の部分を長さ b の隣接する区間に分割しよう．a はある区間になければならないので，ある整数 k に対して $kb < a < (k + 1)b$．このとき $a = kb + r$ となり，そのため $[a/b] = [k + (r/b)] = k$.

7. ヒント：$x, [x], -[x], [-x]$ を表す直線のグラフを描け．そのとき，$-[-x] = -[-[x] - \zeta] = -(-[x]) - [-\zeta] = [x] - (-1) = [x] + 1$ に注意せよ．

8. $x = n$ で，整数ならば，$\left[x + \frac{1}{2}\right] = \left[n + \frac{1}{2}\right] = n = x$．$n < x < n + \frac{1}{2}$ ならば，$n + \frac{1}{2} < x + \frac{1}{2} < n + 1$，$\left[n + \frac{1}{2}\right] = n$．$n + \frac{1}{2} < x < n$ ならば，$n + 1 < x + \frac{1}{2} < n + \frac{3}{2}$ だから，$n + 1 = \left[x + \frac{1}{2}\right]$．$x = n + \frac{1}{2}$ ならば，$\left[x + \frac{1}{2}\right] = [n + 1] = n + 1$.
9. 問題 8 を微調整して議論すればよい．
10. 問題 6 より，n 以下の p の倍数となる $[n/p]$ がちょうど存在する．これらの各々は $n!$ の因数として現れる．これらのうちで，$[[n/p]/p]$ はそれ自身が因数である p を含む倍数で，ゆえにこれらは p^2 の倍数である．ここで，p は因数として少なくとも 2 回現れる．今，$n/p = q + (r/p)$ としよう．ここで $0 \leq r \leq p - 1$．このとき，$n/p^2 = (q/p) + (r/p^2) = q_1 + (r_1/p) + (r/p^2)$ である．ここで $0 \leq r_1 \leq p - 1$．さて，$0 \leq (r_1/p) + (r/p^2) \leq ((p-1)/p) + ((p-1)/p^2) = 1 - (1/p) + (1/p) - (1/p^2) = 1 - (1/p^2) = 1 - (1/p^2) < 1$. だから，$[n/p^2] = q_1 = [[n/p]/p]$．この方法を続けると，これらのうちの $[n/p^3] = [[n/p^2]/p]$ は実際に p^3 の倍数になることがわかる．ここで，p は因数として 3 回現れる．これを繰り返して，最高次の p^k に到達し，それを超えると $[n/p^j] = 0$ となる．こうして，

$$E(n,p) = \left[\frac{n}{p}\right] + \left[\frac{n}{p^2}\right] + \cdots + \left[\frac{n}{p^k}\right].$$

2.2 節

2. ヒント：各々が解を与えることを示すために，直線の等式に (p_k, q_k) の式を代入せよ．すべての解がこの形であることを示すために，(p, q) が任意の解であると仮定して，

$$ap + bq = n,$$

$$ap_0 + bq_0 = n$$

と表わせ．二つの等式の差をとり，g.c.d.$(a, b) = 1$ という事実を使え．
3. ヒント：問題 1 の等式のどれかを使え．
4. 図を描けば明らかである．

2.3 節

1. 三つの場合に分けて調べる．(1) P と Q がともに奇数であるとき；(2) P が偶

数（または奇数）で Q が奇数（または偶数）であるとき；(3) P と Q がともに偶数であるとき．

(1) の場合：$P-1$ と $Q-1$ はともに偶数だから，$2 \mid (P-1)(Q-1)$．P と Q の因数はすべて奇数だから，d は奇数でなければならない．ゆえに $d-1$ は偶数で $2 \mid (d-1)$．

(2) の場合：$Q-1$ は偶数だから，$2 \mid (P-1)(Q-1)$．2 は P と Q の共通因子ではないから，2 は d を割り切らない．こうして，$d-1$ は偶数であり，$2 \mid (d-1)$．

(3) の場合：$P-1$ と $Q-1$ はともに奇数だから，$[(P-1)(Q-1)]/2$ は奇数の分子を持つ半整数である．$2 \mid P$ かつ $2 \mid Q$ だから，$2 \mid d$．よって，$(d-1)/2$ もまた奇数の分子を持つ半整数である．こうして，

$$\frac{[(P-1)(Q-1)]}{2}+\frac{d-1}{2}=\frac{[(P-1)(Q-1)]+(d-1)}{2}.$$

は整数である．

3. 定理 2.1 の証明が以下の調整とともに適用される．$P=dP_0$ と $Q=dQ_0$ を仮定しよう．そのとき長方形の対角線はその内部に $(d-1)$ 個の格子点 (P_0,Q_0), $(2P_0,2Q_0),\ldots,((d-1)P_0,(d-1)Q_0)$ を含む．これらの点は $[n(Q/P)]=[jP_0(Q_0/P_0)]=jQ_0$, $j=1,2,\ldots,(d-1)$ に対する和の因子に対応する．残りの和の因子は対角線の下の格子点と見なされる．対称性より，和を 2 倍すると，対角線上の点を 2 回数えているので，長方形の中の格子点の数に $d-1$ を加えたものとなる．こうして，

$$2\sum_{n=1}^{P-1}\left[n\frac{Q}{P}\right]=(P-1)(Q-1)+(d-1).$$

4. 長方形 $OABC$ において，点 $(0,0),(P/2,0),(P/2,Q/2),(0,Q/2)$ によって決まる左下の 4 分の 1 の部分を考える．$P/2$ と $Q/2$ は整数ではないので，これらの点によって決まる長方形の上と右の境界線に格子点はない．対角線 $y=(Q/P)x$ は，この長方形を，境界線上に格子点を持たない二つの三角形 T_1 と T_2 に分割する．T_1 の内部にある点の個数は $\displaystyle\sum_{n=1}^{P'}[n(Q/P)]$，一方 T_2 の内部にある点の個数は $\displaystyle\sum_{n=1}^{Q'}[n(P/Q)]$．だから，これらの和は小さな長方形の内部にある点の個数であり，すなわち，

$$P'Q' = \frac{P-1}{2}\frac{Q-1}{2}.$$

3.2 節

2. $A = \frac{1}{2}ab$. 下の境界線は $(a+1)$ 個の点, $(0,0),(1,0),(2,0),\ldots,(a,0)$ を含んでいる. 右の境界線は b 個の点 $(a,1),(a,2),\ldots,(a,b)$ を含んでいる. a と b は互いに素だから, 斜辺は格子点をこれ以上含まず, そのため $B = a+b+1$. ピックの定理より, $I = A - \frac{1}{2}B + 1 = \frac{1}{2}ab - \frac{1}{2}(a+b+1) + 1 = \frac{1}{2}(a-1)(b-1)$.
3. $P_1P_2P_3P_4$ は二つの三角形, T_1（頂点が $P_1, P_4, (2,1)$）と T_2（頂点が $P_3, P_2, (2,1)$）によって作られる. これらを結合した面積は $A = \frac{9}{2}$ である. 境界上の格子点は $P_1, P_2, P_3, P_4, (2,1), (4,2), (4,1), (5,2)$ なので, $B = 8$. よって, ピックの定理は成り立たない. $\overline{P_1P_2}$ と $\overline{P_3P_4}$ は点 $(2,1)$ を共有し, この点は頂点ではないので, 多角形は単純多角形ではない.
4. ピックの定理（または他の方法）によって, $\mathcal{P}$ の面積は $\frac{41}{2}$ であり, $\mathcal{P}_1$ の面積は 2. ゆえに, $\mathcal{P} - \mathcal{P}_1$ の面積は $\frac{41}{2} - 2 = \frac{37}{2} = 18\frac{1}{2}$. ピックの定理を用いると, $A = I + \frac{1}{2}B - 1 = 11 + \frac{1}{2}(15) - 1 = \frac{35}{2} = 17\frac{1}{2}$. よって, ピックの定理は成り立たない.
5. $A = I + \frac{1}{2}B - 1$ を $\mathcal{P}$ の, $A' = I' + \frac{1}{2}B' - 1$ を $\mathcal{P}'$ の面積とする. このとき, $A_1 = A - A' = (I - I') + \frac{1}{2}(B - B')$. しかし, $I_1 = I - (I' + B')$, $B_1 = B + B'$. ピックの定理より, $A_1 = I_1 + \frac{1}{2}B_1 - 1 = I - I' - B' + \frac{1}{2}B + \frac{1}{2}B' - 1 = (I - I') + \frac{1}{2}(B - B') - 1$. これは, 本当の面積より 1 小さい.
6. 菱形の頂点を $(\pm b, 0), (0, \pm a)$ とする. それらの境界点に加えて, 各辺は頂点でない $(d-1)$ 個の格子点を含む. 面積 $A = 4\left(\frac{1}{2}ab\right) = 2ab$. ピックの定理 $A = I + \frac{1}{2}B - 1$ より, $2ab = I + \frac{1}{2}[4 + 4(d-1)] - 1 = I + 2d - 1$, $I = 2ab - 2d + 1$.

3.3 節

1. 補題 3.1 の言明は，$\sqrt{2}$ が $1+\epsilon$, $\epsilon > 0$ によって置き換えられても成り立つ．これは，1 より長い任意の水平な線分が少なくとも一つ格子点を含むからである．しかしながら，格子点間の対角線の距離が $\sqrt{2}$ なので，もっと小さな数で被覆定理は成り立たない．
3. a. 持たない．
   b. ヒント：問題 4 を参照せよ．
   c. ヒント：問題 4 を参照せよ．

4.3 節

1. $n = 4k+3 = p_1^{a_1} p_2^{a_2} \cdots p_r^{a_r}$ と仮定しよう．各素数が $p_i = 4k_i + 1$ の形ならば，各 $p_i^{\alpha_i}$ はその形をしており，積 $p_1^{a_1} p_2^{a_2} \cdots p_r^{a_r}$ も同様である．さらに $p_i = 4k_i + 3$ であるが，関連する指数 a_i が偶数ならば，ある m に対して $p_i^{a_i} = 4m+1$ である．ゆえに，素数には $4k+3$ の形になるものがあり，関連する指数は奇数である．しかし，定理 4.2 より，n は 2 平方数の和として表せず，定理 4.1 は成り立つ．
2. $z = a - bi$, $z' = c + di$ としよう．そのとき $|z|^2 = a^2 + b^2$, $|z'|^2 = c^2 + d^2$. $|zz'|^2 = (|zz'|)^2 = (|z||z'|)^2 = |z|^2|z'|^2 = (a^2+b^2)(c^2+d^2)$. しかし，$zz' = (a-bi)(c+di) = (ac+bd)+(ad-bc)i$. よって，$|zz'|^2 = (ac+bd)^2+(ad-bc)^2$.

4.5 節

1. 正しくない．$10 = 4(1) + 6$, $R(10) = R(2 \times 5) = 4(2-0) = 8$.
2. $n = 12k + 9 = 3(4k+3)$. 3 は $4k$ を割り切らないので，3 は $(4k+3)$ を割り切らない．これは 3 が n の因子として 1 回だけ現れることを意味する．定理 4.2 より $R(n) = 0$.
3. 1225 の約数は $1, 5, 25, 7, 35, 175, 49, 245, 1225$ である．$A = 6, B = 3$. $R(n) = 4(A-B) = 4(6-3) = 12$.
4. 計算は長いが簡単である．

$$T(1225) = 1 + 4\sum_{k=0}^{35}\left[\sqrt{1225-k^2}\right] = 3853.$$

5.1 節

1. a. (x, y) が帯状領域の中にあれば，$\alpha x - \dfrac{1}{2} < y < \alpha x + \dfrac{1}{2}$. だから，

$-\alpha x+\dfrac{1}{2}>-y>-\alpha x-\dfrac{1}{2}$ となり，そのため $\alpha(-x)-\dfrac{1}{2}<-y<\alpha(-x)+\dfrac{1}{2}$. これは $(-x,-y)$ もまた帯状領域の中にあることを示している.

b. $d=1/\sqrt{1+\alpha^2}$.

c. α を，$\alpha>0$ の無理数であると仮定しよう．このとき $|\alpha-[\alpha]|<\dfrac{1}{2}$，または，$|\alpha-([\alpha]+1)|<\dfrac{1}{2}$. q を，$q=[\alpha]$ または $[\alpha+1]$ としよう．どちらをとるかは，不等式が成り立つかに依存する．このとき，$-\dfrac{1}{2}<q-\alpha<\dfrac{1}{2}$ だから，$\alpha-\dfrac{1}{2}<q<\alpha+\dfrac{1}{2}$ であり，このことは $(1,q)$ が $y=\alpha x\pm\dfrac{1}{2}$ によって挟まれた帯状領域の中にあることを示している．これはまた，境界線に対する垂線が帯状領域上を動きながら出会う帯状領域の第1象限内の最初の格子点でもある（他のどんな格子点 (p_1,q_1) も $p_1>1$ でなければならず，ゆえに $q_1>q$ である）. $k=\alpha q+1=\alpha[\alpha]+1$ または $\alpha[\alpha]+\alpha+1$ ならば，直線 $y=-(1/\alpha)x+(k/\alpha)$ は $(1,q)$ を通る.

2. a. (x,y) が領域内にあれば，$-1<2\alpha x^2-2xy<1$. しかし，これは $-1<2\alpha(-x)^2-2(-x)(-y)<1$ に同値である．よって，$(-x,-y)$ は領域内にある.

   b. 今示された S の対称性により，負でない x だけを考えればよい．y について解くと，不等式 $-1\leq 2\alpha x^2-2xy\leq 1$ は $\alpha x-1/(2x)\leq y\leq \alpha x+1/(2x)$. 上界 $\alpha x+1/(2x)$ を考えよう．明らかに，$x\to 0^+$ に従って $y\to+\infty$，$x\to+\infty$ に従って上から $y\to\alpha x$. こうして，$y=\alpha x+1/(2x), x>0$ は $x=0$ と $y=\alpha x$ を漸近線に持つ双曲線の片方である．下界 $\alpha x-1/(2x)$ は，$x\to 0^+$ に従って $y\to-\infty$，$x\to+\infty$ に従って下から $y\to\alpha x$. だから，$y=\alpha x-1/(2x), x>0$ は $x=0$ と $y=\alpha x$ を漸近線に持つ共役な双曲線の片方である．原点に関する対称性によって，いずれの場合にももう片方が与えられる.

5.2 節

1. 定義より，二つの与えられた点を含む凸集合はそれらを結ぶ線分を含まなければならない.

3. M_1 と M_2 を二つの凸集合とし，$M_1\cap M_2$ をその共通部分とする．A と B が $M_1\cap M_2$ 内の点であるなら，A と B はともに M_1 にも M_2 にも含まれている.

だから，$\overline{AB} \subset M_1$, $\overline{AB} \subset M_2$．これらは $\overline{AB} \subset M_1 \cap M_2$ を示している．

5.3 節

1. $A = 6$; $A' = \dfrac{3}{2}$; $s = 5$．$n \geq 40$ に対して，$(n+1)^2 A' > (n+10)^2$．
2. 中心 $(0,0)$ で半径 2 の円盤を考えよう．$(0,0)$ から 1 個または 2 個の格子点を通る 8 個の半径を描く（軸上の半径は 2 個の格子点を通るだろう）．円盤の境界から内側に向かって，八つの帯状領域を切り取ろう．帯状領域のそれぞれの幅は ϵ_1，長さは $1 + \epsilon_2$ で，それぞれ八つの半径のうちの一つを中心としている．得られる凸でない図形は，4π にいくらでも近くなる面積 $4\pi - 8(1+\epsilon_2)\epsilon_1$ を持ち，中心対称で，$(0,0)$ 以外は格子点を含まない．
3. a. $P = (x, y)$ ならば，$P_1 = (x + n_1, y + m_1)$, $P_2 = (x + n_2, y + m_2)$．よって，$P_1 - P_2 = (n_1 - n_2, m_1 - m_2)$．
   b. C' は凸なので，点 $-P_1 = (-x-n_1, -y-m_1)$ だけでなく，$-P_1$ と P_2 を結ぶ線分も C' に含まれる．だから，C' は $-P_1$ と P_2 の中点を含み，その座標は $((n_2-n_1)/2, (m_2-m_1)/2)$．こうして，$C$ は格子点 (n_2-n_1, m_2-m_1) を含み，この格子点は $P_1 \neq P_2$ より $(0,0)$ ではない．

6.2 節

1. $\sqrt{|\Delta|} = \sqrt{184259} \approx 429.254$．述べられている平行四辺形を，$k = 429 < \sqrt{|\Delta|}$ として描こう．すると，その領域が点 $(0,1)$, $(0,-1)$ を含むことがわかる．実際 $201 < 429 < \sqrt{|\Delta|}$, $400 < 429 < \sqrt{|\Delta|}$．そのため，ミンコフスキーの第一定理が $(0,1)$ と $(0,-1)$ で満たされる．

6.3 節

1. $\Delta = \pi - e \approx 0.4233$．$\sqrt{|D|} = \sqrt{2|\Delta|} \approx 0.92$．

$$\xi + \eta = 2x - (\pi + e)y = \pm\sqrt{|D|}$$

$$\xi - \eta = \quad\quad - (\pi - e)y = \pm\sqrt{|D|}$$

によって決まる平行四辺形を見ると，$(3,1)$ が内部にあることがわかる．試しに計算してみると，$|\xi||\eta| = |3-\pi| \cdot |3-e| \approx 0.14159 \times 0.28172 \approx 0.03989$．$\dfrac{1}{2}|\Delta| = \dfrac{1}{2}|\pi - e| \approx 0.21165$ なので，ミンコフスキーの第二定理が $(3,1)$ で満

たされる.

7.1 節

1. a. $P = (x, y)$ を平面上の任意の点としよう．このとき，$T(P) = (ax + by, cx + dy)$ もまた平面上の点である.

   a と c. $P_1 = (x_1, y_1)$, $P_2 = (x_2, y_2)$ としよう．これらの点によって決まる直線のベクトル表示は,

$$\begin{aligned} P_t &= P_1 + t(P_2 - P_1) \\ &= (x_1 + t(x_2 - x_1), y_1 + t(y_2 - y_1)) \end{aligned}$$

   によって与えられる．$i = 1, 2$ に対して，$T(P_i) = (ax_i + by_i, cx_i + dy_i)$. $T(P_1)$ と $T(P_2)$ によって決まる直線は,

$$\begin{aligned} Q_t &= T(P_1) + t(T(P_2) - T(P_1)) \\ &= (ax_1 + by_1 + t(ax_2 + by_2 - ax_1 - by_1), \\ &\quad\ cx_1 + dy_1 + t(cx_2 + dy_2 - cx_1 - dy_1)) \end{aligned}$$

   によって与えられる．P_t に変換 T を施すと，$T(P_t) = Q_t$ となることがわかる.

   b. 一般の円錐曲線は $Ax^2 + Bxy + Cy^2 + Dx + Ey + F = 0$ で与えられる. $x = ax_1 + by_1$, $y = cx_1 + dy_1$ とし，式を簡単にするために必要な計算を実行すると，新しい変数 x_1 と y_1 による同じ形の式に到達する.

2. a. 新しい頂点は，$(0, 0)$, $(1, 1)$, $(1, 3)$, $(0, 2)$ である.

   b. 元の面積と変換された面積は等しい.

3. $|T| = \begin{vmatrix} 1 & 1 \\ 1 & 2 \end{vmatrix} = 2 - 1 = 1$. 新しい頂点は $(0, 0)$, $(10, 10)$, $(20, 30)$. 元の面積と変換された面積はともに 50 に等しい.

4. b. $|T| = \begin{vmatrix} 2 & 3 \\ 4 & 6 \end{vmatrix} = 12 - 12 = 0$. よって，$T^{-1}$ は存在しない.

7.3 節

1. $ap + bq = ap' + bq'$, $cp + dq = cp' + dq'$ ならば，$a(p - p') + b(q - q') = 0$, $c(p - p') + d(q - q') = 0$. これらは，$(p - p', q - q')$ が同次線形系 $ax + by = 0$, $cx + dy = 0$ に対する解であることを示している．しかし，$\Delta = ad - bc \neq 0$ だから，系はただ一つの解 $(0, 0)$ を持つ．ゆえに $p = p'$, $q = q'$.

2. $\Delta = |T| = \pm 1$ となる任意の T を選ぼう．
3. そのような任意の平行四辺形が頂点の一つとして $(0,0)$ を持つと見なしてよい．$P = (x, y)$, $Q = (u, v)$ としよう．そのとき $R = (x+u, y+v)$．T を $T = \begin{pmatrix} x & u \\ y & v \end{pmatrix}$ によって与えられる変換としよう．そのとき，$OPRQ$ は，$(0,0)$, $(1,0)$, $(1,1)$, $(0,1)$ によって与えられ，面積が 1 である基本正方形の，T による像である．$OPRQ$ の面積 A は $A = |T| = |xv - yu| \geq 1$.

附録 I，I.1 節

1. $1/(a+bi) = [1/(a+bi)][(a-bi)/(a-bi)] = (a-bi)/(a^2+b^2)$．$a+bi$ は単元ではないので，$a^2+b^2 \neq 1$ で，$(a+bi)^{-1}$ はガウス整数ではない．
2. $a^2+b^2 > 1^2+0^2 = 1$．というのは (1) a と b がともに 0 でない整数か，もしくは (2) 一方が 0 でもう片方が 2 以上の絶対値を持つか，どちらかだからである．
3. a と b はともに整数だから，平方も整数で，a^2+b^2 も整数である．

附録 I，I.2 節

1. $\overline{q} = fh$ と仮定する．ここで，f も h も単元ではない．そのとき，$\overline{\overline{q}} = q = \overline{fh} = \overline{f} \cdot \overline{h}$，ここで，$\overline{f}$ も $\overline{h}$ も単元ではない．これは q が素数であるという仮定に矛盾する．
2. 明らかに，$a+bi \neq (a-bi)(-1)$．$a+bi = (a-bi)(i) = ai+b = b+ai$ ならば，$a = b$ でなければならない．しかしそのとき，$a+bi = a+ai = a(1+i)$ で，これは，$a = \pm 1$ を除いて，素数 $q = a+bi$ の自明でない因数分解である．同じ議論が $u = -i$ に対してもできる．

参考文献

Blichfeldt, H. F. "A New Principle in the Geometry of Numbers with Some Applications." *Transactions of the American Mathematical Society* 15:3 (July 1914): 227–35.

________. *Finite Groups of Linear Homogeneous Transformations.* G. A. Miller, H. F. Blichfeldt, and L. E. Dickson. *Theory and Applications of Finite Groups* の第 II 部. New York: Wiley, 1916. 再版, New York: Dover, 1961.

________. *Finite Collineation Groups.* Chicago: University of Chicago Press, 1917.

________. "The Minimum Values of Positive Quadratic Forms in Six, Seven, and Eight Variables." *Mathematische Zeitschrift* 39 (1934): 1–15.

Cassels, J. W. S. *Introduction to the Geometry of Numbers.* Classics of Mathematics Series. 1971 年版の修正再版. Berlin: Springer, 1997.

Davenport, Harold. "The Geometry of Numbers." *Math. Gazette* 31 (1947): 206–10.

________. *The Higher Arithmetic.* New York: Dover, 1983.

Dickson, L. E. *History of the Theory of Numbers, Vol. I: Divisibility and Primality.* Washington, D.C.: Carnegie Institute, 1919.

________. *History of the Theory of Numbers, Vol. II: Diophantine Analysis.* Washington, D.C.: Carnegie Institute, 1920.

________. *History of the Theory of Numbers, Vol. III: Quadratic and Higher Forms.* Washington, D.C.: Carnegie Institute, 1923.

Gauss, C. F. *Werke.* Göttingen: Gesellschaft der Wissenschaften, 1863–1933.

Grace, J. H. "The Four Square Theorem." *Journal of the London Mathematical Society* 2 (1927): 3–8.

Grossman, Howard D. "Fun with Lattice Points." *Scripta Mathematica* 16

(1950): 207–12.

Gruber, P. M., and C. G. Lekkerkerker. *Geometry of Numbers.* 2nd edition. Amsterdam and New York: North-Holland, 1987.

Hajós, G. "Ein neuer Beweis eines Satzes von Minkowski." *Acta Litt. Sci. (Szeged)* 6 (1934): 224–5.

Hardy, G. H., and E. M. Wright. *An Introduction to the Theory of Numbers.* 5th ed. Oxford: Oxford University Press, 1983.

Hermite, Charles. "Lettres de Hermite à M. Jacobi." *J. reine angew. Math.* 40 (1850): 261–315.

________. *Comptes Rendus Paris* 37 (1853).

________. *J. reine angew. Math.* 47 (1854): 343–5, 364–8.

________. "Sur une extension donnée à la théorie des fractions continues par M. Tchebychev." *J. reine angew. Math.* 88 (1879): 10–15.

________. *Oeuvres*, Vol. I. Paris: E. Picard, 1905.

________. *Oeuvres*, Vol. III. Paris: Gauthier-Villars, 1912.

Hilbert, David, and S. Cohn-Vossen. *Geometry and the Imagination.* Translated by P. Nemenyi. New York: Chelsea, 1952.

Honsberger, Ross. *Ingenuity in Mathematics.* New Mathematical Library Series, Vol. 23. Washington, DC: MAA, 1970.

Hurwitz, A. "Über die angenäherte Darstellung der Irrationalzahlen durch rationale Brüche." *Mathematische Annalen* 39 (1891): 279–84.

Koksma, J. F. *Diophantische Approximationen.* New York: Chelsea, 1936.

Korkine, A., and E. I. Zolotareff. "Sur les formes quadratiques positives quaternaires." *Mathematische Annalen* 5 (1872): 581–3.

________. "Sur les formes quadratiques." *Mathematische Annalen* 6 (1873): 366–89.

________. "Sur les formes quadratiques positives." *Mathematische Annalen* 11 (1877): 242–92.

Lyusternik, L. A. *Convex Figures and Polyhedra.* ロシア語による初版 (1956) Donald L. Barrett による翻訳および翻案. Boston: D. C. Heath, 1966.

Minkowski, Hermann. "Über die positiven quadratischen Formen un über kettenbruchähnliche Algorithm." *J. reine agnew. Math.* 107 (1891): 209–12.

________. *Ausgewahlte Arbeiten zur Zahlentheorie und zur Geometrie. Mit D. Hilbert's Gedachtnisre auf H. Minkowski (Göttingen, 1909).* [*Selected Papers on Number Theory and Geometry. With D. Hilbert's Commemorative Address in Honor of H. Minkowski.*] Teubner-Archiv zur Mathematik, Vol. 12. E. Kratzel and B. Weissbach, eds. Leipzig: Teubner, 1989.

________. *Geometrie der Zahlen.* Bibliotheca Mathematic Teubneriana, Vol. 40. Leipzig: Teubner, 1910. 240ページにわたる最初の節は1896年に出版された. Reprinted, New York and London: Johnson Reprint Corp., 1988.

________. *Diophantische Approximationen: Eine Einfuhrung in die Zahlentheorie.* Reprinted, New York: Chelsea, 1957.

Mitchell, H. L., III. *Numerical Experiments on the Number of Lattice Points in the Circle.* Stanford, CA: Stanford University, Applied Mathematics and Statistics Labs, 1961.

Mordell, L. J. "On Some Arithmetical Results in the Geometry of Numbers." *Compositio Math.* 1 (1934): 248–53.

Niven, Ivan. *Irrational Numbers.* Carus Mathematical Monographs, No. 11. Washington, DC: MAA, 1956.

________. *Numbers: Rational and Irrational.* New Mathematical Library Series, Vol. 1. Washington, DC: MAA, 1961.

Niven, Ivan, and Herbert Zuckerman. "The Lattice Point Covering Theorem for Rectangles." *Mathematics Magazine* 42 (1969): 85–86.

Olds, Carl D. *Continued Fractions.* New Mathematical Library Series, Vol. 9. Washington, DC: MAA, 1963.

Ore, Oystein. *Number Theory and Its History.* New York: McGraw-Hill, 1948. Reprinted with supplement, New York: Dover, 1988.

Schaaf, William. *Bibliography of Recreational Mathematics*, Vol. I. Reston, VA: National Council of Teachers of Mathematics, 1959; 再版, 1973.

Scott, W. T. "Approximation to Real Irrationals by Certain Classes of Rational Fractions." *Bulletin of the American Mathematical Society* 46 (1940): 124–9.

Sierpinski, W. *The Elementary Theory of Numbers.* 2nd edition. Andrzej Schinzel, ed. North-Holland Mathematical Library, Vol. 31. Amsterdam and New York: North-Holland; Warsaw: Polish Scientific Publishers, 1988.

Tchebychef, P. L. *Oeuvres de Tchebychef.* A. Markoff and N. Sonin によるフランス語訳. 再版, New York: Chelsea.

Uspensky, J. V., and M. A. Heaslet. *Elementary Number Theory.* New York: McGraw-Hill, 1939.

訳者あとがき

本書を手に取られた読者のあなたは,「数の幾何学」にどんなことを期待しているであろうか？　訳者は数についての問題を幾何学的問題に置き換えて研究するのだな，と理解してワクワクした.

例えばピックの定理である．老婆心ながらご存じのない方のために手短に紹介しよう.

等間隔に点が存在する平面上にある多角形の面積を求める公式である，等間隔に配置されている点を格子点といい，多角形の頂点はすべて格子点とする．多角形の内部にある格子点の個数をi，辺上にある格子点の個数をbとするとき，多角形の面積Sは,

$$S = i + \frac{1}{2}b - 1$$

と表わされる.

本書では第3章「格子点と多角形の面積」で取り上げられてはいるが，証明は割愛されている.

算術的な問題を幾何学的な問題に置き換える簡単な例として，整数を2平方数の和として表わす問題は原点を中心とする円$x^2 + y^2 = n$の上に格子点が存在するかどうかに置き換えられる．同様に実係数の一次方程式が整数解を持つかどうかという算術問題は平面上の対応する直線上に格子点があるかという幾何学的問題に置き換えられる．こうして一から言葉の定義をして順に積み上げていく，さながら数学を創っていく様子が繰り広げられていくのである.

ミンコフスキーによる無理数の有理数による近似の個所では，精度を高めるために何人もの数学者が懸命に取り組む様が読み取れて探求心に頭が下がる．こんな風にして数学は進化していくのだな．

難解な証明は参考文献に回すが，結果は紹介されるので，読み進めやすい．高校生以上の読者を想定しており配慮が届いている．訳者は40年以上高校で教鞭を取ってきたが，教科書で扱っている教材だけでなく，興味をもった数学分野も学ぶようにしてきた．そういうことが教えることに大いに役立つものである．是非教師の方にも本書をお薦めしたいものである．

2021年　梅雨の合間に

訳者　高田加代子

索　引

【サ】

【タ】

【ナ】

【ハ】

【マ】

【ヤ】

【ラ】

著者紹介

カール・D.・オールズ (Carl D. Olds,) はニュージーランドのワンガヌイ (Wanganui) で，1912 年に生まれ，12 歳のときに家族とともにアメリカ合衆国に移住した．彼はスタンフォード大学への奨学金を受け，そこで B.A., M.A., そして Ph.D. を取得した．彼は 1945 年から，退職する 1976 年まで，サンノゼ大学で数学を教えた．生涯，彼は数学の雑誌に多くの論文を発表し，また National High School and Junior College Club の公式出版物，*The Mathematical Log* の編集者，さらには，MAA より New Mathematical Library の 1 冊として出版された *Continued Fractions* の著者である．1973 年に，彼は MAA のショーヴネ (Chauvenet) 賞を受賞した．これは *American Mathematical Monthly* に発表された論文 “The Simple Continued Fraction Expansion of e” に対して，傑出した数学の主題の解説記事の著者として，与えられたものであった．MAA の常勤委員であり，MAA の北カリフォルニア地区の委員長と書記会計職の両方を務めた．オールズはスタンフォード大学における平泳ぎのチャンピオンであった．また優秀な船乗りでもあり，クラブレースの総合選手権で 2 年連続で優勝した．彼は 1979 年に，『数の幾何学』の原稿を完成させた後まもなく生涯を終えた．

アンネリ・ラックスは 1961 年から 1999 年まで New Mathematical Library の編者であったが，1999 年 9 月 24 日に亡くなった．輝かしい経歴を通じて，ラックスは MAA のために精力的に働いた．ほぼ 40 年にわたって，MAA の出版計画の牽引者であった．彼女は New Mathematical Library（1999 年に Anneli Lax New Mathematics Library と改名された）の出版の中心におり，原稿入手，校閲，数学的な編集，レイアウト，デザイン，組版を含むすべての側面を扱った．

アンネリ・ラックスは，1995 年に，MAA の最高の名誉である Yueh-Gin Gung and Dr. Charles Y. Hu Award for Distinguished Service to Mathematics を受賞した．ラックス教授はニューヨーク大学で教鞭をとった．そして（1980 年において）解説の執筆と数学的思考を組み合わせた授業開発における開拓者であった．ニューヨーク大学を退職する前後の多くの年，彼女は小中高および大学レベルの数学教育の明確化や改善の支援に活躍した．

ジュリアナ・ダビドフは，ニューヨーク大学のクーラント数理科学研究所で大学院の研究を行い，そこで1984年にPh.D.を取得した．そこにいる間，アンネリ・ラックスの指導の聡明さのもとにいられたという大変な幸運に恵まれた．彼女たちはともに，様々な大学の学部生向けカリキュラム計画を研究し，*Mathematics Tomorrow* に発表された “Learning Mathematics” を含むいくつかの論文を執筆した．彼女の数学における研究対象は数論と保型形式についてであった．ダビドフは，MAA Carus Mathematical Monograph シリーズの編集委員であり，MAA Dolciani Mathematical Expositions シリーズの編集委員でもあった．彼女は，マサチューセッツ州のサウス・ハドリー (South Hadley) にあるマウント・ホリヨーク大学 (Mount Holyoke College) で数学の教授を務めていた．

【監訳者紹介】

加藤文元（かとう ふみはる）

1997年　京都大学大学院理学研究科数学・数理解析専攻博士後期課程 修了
現　在　東京工業大学理学院数学系教授，博士（理学）
専　門　数論幾何学
著訳書　『ファン・デル・ヴェルデン 古代文明の数学』（共訳，日本評論社，2006），『リジッド幾何学入門』（岩波書店，2013），『天に向かって続く数』（共著，日本評論社，2016），『リーマンの数学と思想』（共立出版，2017），『宇宙と宇宙をつなぐ数学』（KADOKAWA，2019），『大学教養 微分積分』（数研出版，2019），『数学する精神 増補版』（中公新書，中央公論新社，2020），『イラスト＆図解 知識ゼロでも楽しく読める！ 数学のしくみ』（監修，西東社，2020）ほか多数

【訳者紹介】

高田加代子（たかだ かよこ）

1969年　奈良女子大学理学部数学科 卒業
1969～2000年　私立平安女学院中学校高等学校数学科専任教諭
2002～2013年　私立京都女子中学校高等学校数学科非常勤講師
現　在　日本数学協会会員
著訳書　『オイラー《ゼータ関数論文集》』（分担翻訳，日本評論社，2018）

数の幾何学
―ミンコフスキーに始まる格子の世界―
原題：*The Geometry of Numbers*

2021 年 10 月 15 日　初版 1 刷発行

著　者　C. D. Olds（C・D・オールズ）
Anneli Lax（アンネリ・ラックス）
Giuliana P. Davidoff
（ジュリアナ・P・ダヴィドフ）

監訳者　加藤文元

訳　者　高田加代子　© 2021

発行者　南條光章

発行所　**共立出版株式会社**
〒 112-0006
東京都文京区小日向 4-6-19
電話番号 03-3947-2511（代表）
振替口座 00110-2-57035
www.kyoritsu-pub.co.jp

印　刷
製　本　錦明印刷

一般社団法人
自然科学書協会
会員

検印廃止
NDC 412, 414

ISBN 978-4-320-11460-9　Printed in Japan